ジュニア数学オリンピック 2019-2024

数学オリンピック財団［編］

日本評論社

まえがき

　数学オリンピック財団は 2003 年 7 月に第 44 回国際数学オリンピック (IMO) を日本で開催しました．この大会を記念して，これまでの高校生以下を対象として毎年行ってきた日本数学オリンピック (JMO) に加えて，中学生以下を対象とした日本ジュニア数学オリンピック (JJMO) を JMO と同時に実施することにしました．算数・数学好きな日本中の少年少女諸君がこの JJMO に参加してそれぞれの才能を素晴らしい将来に向けて開花するよう願っています．

　まず，「なぞなぞ」をやりましょう．

　「ある正の整数の半分の数に 1 を加えると元の数になる数はなあに？」

　間違ってもかまわないから (誰でも間違うものです)，答えを見ないで，まずどんな方法でもよいから自分で答えを考えましょう．答えが当たっていたら万歳！当たらなかったら，くやしがる代わりに，落ち着いて，どこで間違ったかを，あるいは別の方法を考えてみましょう．

　「なぞなぞ」の解答の方法はいくつもあります．まず 1 から初めて 2, 3, 4, · · · と試してみます．呑気な方法ですけど，いつかは必ず答えが見つかるはずです．まず答えを 1 とします．すると

$$\frac{1}{2} + 1 = \frac{3}{2} \neq 1.$$

　よって答えは 1 ではない．次に 2 としてみると，

$$\frac{2}{2} + 1 = 1 + 1 = 2.$$

　おお，ラッキー．答えは 2 です．

　半分に半分を加えれば元の数になるし，また半分に 1 を加えると元の数になるから，半分は 1 に等しい．よって元の数は 2.

代数の考えを用いて，元の数を x とすると，

$$\frac{x}{2} + 1 = x.$$

この 1 次方程式を解いて

$$1 = \frac{x}{2}, \quad x = 2.$$

「サブチェフさんのパズル」

半径の同じ 2 枚の円形の紙 A, B にそれぞれウインクしている少女のまったく同じ絵が描かれています．ただし，A の中心は少女の開いている目にありますが，B ではそうではありません．このとき B を 2 つの部分に切ってそれらの部分をつなぎ合わせて，A と B の絵がぴったり重なるようにしたい．そのためには B をどのように切ったら良いか？

図を描いても分らなかったら，円形の紙 A, B を作って実験してみるといいでしょう．答は A の上に，両方の中心が合うように B を載せて，A からはみ出した B の部分を切り取ればよい．

数学オリンピックの IMO, JMO, JJMO の問題は学校での試験や中，高，大学などへの入学試験のように，教えられたことをどれだけ覚えているかを試す記憶力のテストではなく，上のなぞなぞやパズルのように判らない事柄の答えを自分で考えて見つけ出す，問題解決力のテストなのです．

ですから，この本はまず問題から始まります．それらの問題を解決するのに必要な知識はそのあとの知識編にまとめてあります．まず問題を見て解答を見ないで，ゆっくり考えましょう．必要なら知識編も見ましょう．そしてしばらく考えましょう．それでも解けなかったら解答を見てもいいでしょうし，解答を見ずにさらに時々頑張って見るのもいいでしょう．そして次の問題に進みましょう．……．このように焦らず望みを捨てずに解けなかった問題に再挑戦したりして，明日を期待して，楽しみながら一歩一歩と考え続けましょう．

こうしているうちに皆さんの問題解決力は日に日に育ってゆくのです．誰もこうした過程を通らないで数学オリンピックの問題をスイスイ解決することはできないと思います．

この本は 4 年くらい前から企画され，JMO の大先輩である児玉大樹，岩瀬英

治，平口良司，斎藤新悟，長尾健太郎，小林佑輔，河村彰星，近藤宏樹，樋口卓也，松本雄也の諸君が一致協力して，後に続く諸君のために編集したプレゼントです．

では，Good Luck！

数学オリンピック財団　前理事長

野口　廣

改訂版まえがき

　2003年から始まった「ジュニア数学オリンピック」も順調に推移してきました．当初は答のみを問う単答式の12問で競う1回制の試験でしたが，2009年の第7回からは，「数学オリンピック」と同様に，単答式12問の予選と，証明も要求する5問の本選の2回制になりました．この間，2006年に本書が出版され，コンテストに挑戦しようという多くの方々に愛読されてきましたが，2回制になったのを機に若干の手直しをすることにしました．

　まず，兄貴分の『数学オリンピック』に倣って過去の問題を5年分にしました．これに伴い知識編をやや充実させました．また，中学校までの数学では，本格的な証明をすることがほとんどないので，証明の書き方や証明問題の取り扱い方などにも注意を払いました．

　本書がジュニア数学オリンピックへの参加を目指す諸君のよき伴侶となることを願っています．

　2010年3月

数学オリンピック財団　専務理事

鈴木晋一

リニューアルにあたって

　2003 年からの「ジュニア数学オリンピック」も順調に受験人数を増やし，現在では 3000 名を超える人数となりました．また，コロナ禍を機会にリモートで予選を行っていますが問題なく試験は行われています．さて，今回のリニューアルにあたり，誤答集をなくし，過去の結果を昨年分のみの掲載にしました．しかし，過去の問題と詳しい解説はこれまでと同じく 5 年分を収録し，内容は変わらず充実していますので，数学オリンピック対策には充分な内容を維持しています．

　本書がジュニア数学オリンピックに参加する諸君への良きガイドとなるよう願っています．

　2024 年 4 月

数学オリンピック財団　理事長

藤田岳彦

読者の皆さんへ

● 問題の出典となっている数学コンテストの略称は，下記の通りです．

AIME …… 米国選抜数学試験
AMC …… 米国数学競技会
JJMO …… 日本ジュニア数学オリンピック
JMO …… 日本数学オリンピック
NMC …… 北欧数学コンテスト
北京 …… 北京市数学コンテスト

● 各問題に付けてある星印★は，その個数によって難易度を表しています．

★ …… JJMO のやさしい問題
★★ …… JJMO の平均的な問題
★★★ …… JMO の予選クラスの問題
★★★★ …… JMO の予選クラスの難問
★★★★★ …… JMO の本選クラスの問題

目次

問題編

知識編

日本ジュニア数学オリンピック (JJMO)
過去問題

ガイダンス：
日本ジュニア数学オリンピック

問題編

第 **1** 章

整数・代数

1.1 整数

1.1.1 余り・整除

整数の範囲での割り算に関する問題は，合同式（☞ 94 ページ）を用いると見通しよく解けることが数多くあります．法となる整数をうまく決めることで，一見合同式に関係ない問題が解けてしまうこともあります．

---
1 ★

$1! + 2! + 3! + \cdots + 9!$ の一の位を求めよ．

解答 $1! = 1, 2! = 2, 3! = 6, 4! = 24 \equiv 4 \pmod{10}$ であり，$5!, \cdots, 9!$ はどれも 10 で割り切れるので，

$$1! + 2! + 3! + \cdots + 9! \equiv 1 + 2 + 6 + 4 \equiv 3 \pmod{10}.$$

よって一の位は **3** である．

---
2 ★ ──────────────── (JJMO 2005・問 2)──

197 を割っても 290 を割っても 11 余る正の整数をすべて求めよ．

解答 197 と 290 を割った余りが等しいことから，求める数はその差 $290 - 197 = 93$ を割り切る．また，余りが 11 となることから，求める数は 11 より大きいことがわかる．これらの条件をみたす数は 31 と 93 のみであり，この 2 つの数はともに題意の条件をみたすので，求める数は **31, 93** となる．

---

3 ★

2004! の末尾に並ぶ 0 の個数を求めよ.

✐ 2004! が 10 で何回割り切れるかを数えればよいことになります. これは 2004! の素因数分解(☞ 93 ページ)に現れる 2×5 の個数ということになります.

解答 2004! の素因数分解に現れる 2 の個数と 5 の個数のうち, 少ないほうを求めればよい.

m 以下の最大の整数を $[m]$ で表すものとする. $1, 2, \cdots, 2004$ のうち, 2 で割り切れるものは $\left[\dfrac{2004}{2}\right]$ 個, 2^2 で割り切れるものは $\left[\dfrac{2004}{2^2}\right]$ 個, $\cdots$ となることから, 2004! の素因数分解に現れる 2 の個数は

$$\left[\frac{2004}{2}\right] + \left[\frac{2004}{2^2}\right] + \left[\frac{2004}{2^3}\right] + \cdots$$

で与えられる. 同様に考えると, 2004! の素因数分解に現れる 5 の個数は

$$\left[\frac{2004}{5}\right] + \left[\frac{2004}{5^2}\right] + \left[\frac{2004}{5^3}\right] + \cdots$$

である. この 2 つを比べると明らかに後者のほうが小さい. $5^5 = 3125$ で割り切れる 2004 以下の正の整数はないことに注意すれば, 求める 0 の個数は

$$\left[\frac{2004}{5}\right] + \left[\frac{2004}{5^2}\right] + \left[\frac{2004}{5^3}\right] + \cdots$$
$$= \left[\frac{2004}{5}\right] + \left[\frac{2004}{5^2}\right] + \left[\frac{2004}{5^3}\right] + \left[\frac{2004}{5^4}\right]$$
$$= 400 + 80 + 16 + 3 = \mathbf{499}.$$

---

4 ★★★

$\overbrace{11\cdots1}^{k} \ (1 \leqq k \leqq 2003)$ の形の整数のうち少なくとも 1 つは 2003 の倍数であることを示せ.

証明 $1, 11, 111, \cdots, \overbrace{11\cdots1}^{2003}$ をそれぞれ 2003 で割った余りを $a_1, a_2, a_3, \cdots,$

a_{2003} とする．この中に 0 があれば，対応する整数が 2003 で割り切れる．

　そこで以下では $a_1, a_2, \cdots, a_{2003}$ の中に 0 がないと仮定する．つまりこれらはすべて $1, 2, \cdots, 2002$ の 2002 通りのどれかである．すると部屋割り論法（☞ 128 ページ）により $a_i = a_j$ $(1 \leqq i < j \leqq 2003)$ なる i, j が存在する．このとき

$$0 = a_j - a_i \equiv \overbrace{11 \cdots 1}^{j} - \overbrace{11 \cdots 1}^{i} = \overbrace{11 \cdots 1}^{j-i} \overbrace{00 \cdots 0}^{i} \quad (\text{mod } 2003)$$

となる．ここで 2003 と 10 は互いに素なので，$\overbrace{11 \cdots 1}^{j-i}$ は 2003 で割り切れる．

---

5 ★★★

　$_{200}\mathrm{C}_{100}$ を割り切る最大の 2 桁の素数を求めよ．

　✎ $_n\mathrm{C}_k$ は「n 個のものから k 個を選ぶ組合せの個数（☞ 121 ページ）」を表します．

解答 2 桁の素数 p が

$$_{200}\mathrm{C}_{100} = \frac{200!}{(100!)^2}$$

を割り切るとする．100! の素因数分解には p が 1 個以上出てくるので，200! の素因数分解に p が 3 個以上出てくる必要がある．よって

$$p \leqq \frac{200}{3} = 66.66\cdots$$

である．これをみたす最大の素数は 61 である．実際 61 は，100! の素因数分解に 1 個，200! の素因数分解に 3 個現れるので，$_{200}\mathrm{C}_{100}$ は 61 で割り切れる．以上より，**61** が $_{200}\mathrm{C}_{100}$ を割り切る最大の 2 桁の素数である．

---

6 ★★

　整数 x, y が $5 \mid x + 9y$ をみたすならば，$5 \mid 8x + 7y$ が成り立つことを示せ．

　✎ $a \mid b$ は「a は b を割り切る（☞ 90 ページ）」を表します．

証明 $8x + 7y = 3(x + 9y) + 5(x - 4y)$ なので，$8x + 7y$ は 5 の倍数の和であるから 5 の倍数である．

| 7 | ★★ |

a, b, c を連続する自然数とするとき,$(a+b+c)^3 - 3(a^3+b^3+c^3)$ は 108 で割り切れることを示せ.

解答 仮定より,$a = b-1$,$c = b+1$ としても一般性を失わない. このとき,

$$(a+b+c)^3 - 3(a^3+b^3+c^3)$$
$$= (b-1+b+b+1)^3 - 3\{(b-1)^3 + b^3 + (b+1)^3\}$$
$$= (3b)^3 - 3(3b^3 + 6b) = 18b^3 - 18b = 18(b-1)b(b+1)$$

となる. ところで,$(b-1)b(b+1)$ は連続する 3 整数の積として 6 で割り切れるから,与式は $18 \times 6 = 108$ で割り切れる.

| 8 | ★ |

p が 5 以上の素数のとき,$p^2 - 1$ は 24 で割り切れることを示せ.

✐ 平方数を 3 や 8 で割った余りに着目しましょう.

証明 p は 5 以上の素数だから,2 および 3 で割り切れない.

まず,$p^2 - 1$ は 3 で割り切れる. なぜなら $p \equiv 1, 2 \pmod 3$ のいずれかであり,どちらの場合も $p^2 \equiv 1 \pmod 3$ となるからである.

次に,$p^2 - 1$ は 8 でも割り切れる. なぜなら $p \equiv 1, 3, 5, 7 \pmod 8$ のいずれかであり,どの場合も $p^2 \equiv 1 \pmod 8$ となるからである.

以上より,$p^2 - 1$ は 3 でも 8 でも割り切れるので,24 で割り切れる.

| 9 | ★★★ |

21, 221, 2 221, 22 221, $\cdots$ の中には平方数がないことを示せ.

✐ これらの数はすべて (200 の倍数) + 21 と書けることに注意しましょう. うまく法を設定すれば,余りだけに注目して考えることができます.

証明 偶数の 2 乗は 4 で割り切れ,奇数の 2 乗は前問題より 8 で割って 1 余るので,平方数を 8 で割った余りは 0, 1, 4 のいずれかである. 一方 21, 221, 2 221, 22 221,

··· はどれも 8 で割って 5 余るので，平方数でない．

┌──10─★★────────────────────────(JJMO 2003・問 5 改)──┐
│　1 以上 2010 以下の整数であって，正の約数を偶数個もつものの個数を求│
│めよ．│
└──┘

✍ 素因数分解の一意性(☞ 93 ページ)の後の公式を利用する．

解答　正の整数 n が相異なる m 個の素数 $p_1, p_2, \cdots, p_m$ と正の整数 $e_1, e_2, \cdots,$ e_m を用いて $n = p_1^{e_1} p_2^{e_2} \cdots p_m^{e_m}$ と素因数分解されるとき，n の正の約数の個数は $(e_1 + 1)(e_2 + 1) \cdots (e_m + 1)$ である．そこで，n の正の約数の個数が奇数となるような n の条件を求める．$(e_1 + 1)(e_2 + 1) \cdots (e_m + 1)$ が奇数なのだから $e_1 + 1, e_2 + 1, \cdots, e_m + 1$ はすべて奇数である．したがって，$e_1, e_2, \cdots, e_m$ はすべて偶数である．これは n が平方数であることを意味している．

つまり，1 以上 2010 以下の整数であって，平方数でないものの個数を求めればよいことになる．いま，$44^2 = 1936 < 2010 < 2025 = 45^2$ より，平方数は全部で 44 個である．よって，求める個数は $2010 - 44 = 1966$ 個である．

┌──11─★★────────────────────────(JMO 1991 予選・問 1)──┐
│　$A = 999 \cdots 99$ (81 桁すべて 9) とする．A^2 の各桁の数字の和を求めよ．│
└──┘

✍ 展開の公式(☞ 99 ページ)を使って A^2 を具体的に表します．

解答　$A = 10^{81} - 1$ より，

$$A^2 = (10^{81} - 1)^2 = 10^{162} - 2 \cdot 10^{81} + 1$$
$$= \underbrace{99 \cdots\cdots 9}_{80} 8 \underbrace{00 \cdots\cdots 0}_{80} 1.$$

よって各桁の和は $9 \cdot 80 + 8 + 1 = \mathbf{729}$ となる．

┌──12─★★★★──────────────────────────────┐
│　100 以下の正の整数の組 (a, b) であって $b < a$ をみたし，$\dfrac{a+1}{b+1}$ と $\dfrac{a}{b}$ がと│
│もに整数となるようなものはいくつあるか．│
└──┘

✍ ある数が整数であるかどうかは，その数に整数を足しても変化しません．うまく整数を足すことで，**ユークリッドの互除法**(☞ 91 ページ)が使える形に変形することができます．

解答 $\dfrac{a+1}{b+1} - 1 = \dfrac{a-b}{b+1}$ と $\dfrac{a}{b} - 1 = \dfrac{a-b}{b}$ がいずれも整数なので，$a-b$ は b と $b+1$ の公倍数であり，したがって b と $b+1$ の最小公倍数 $b(b+1)$ の倍数である．$1 \leqq a-b \leqq 100-b$ にも注意すれば，そのような整数は

$$\left[\frac{100-b}{b(b+1)}\right]$$

個ある．ただし m 以下の最大の整数を $[m]$ で表している．特に，$b \geqq 10$ のときには，そのような $a-b$ は存在しない．求める解の個数は

$$\left[\frac{99}{1 \times 2}\right] + \left[\frac{98}{2 \times 3}\right] + \left[\frac{97}{3 \times 4}\right] + \left[\frac{96}{4 \times 5}\right]$$
$$+ \left[\frac{95}{5 \times 6}\right] + \left[\frac{94}{6 \times 7}\right] + \left[\frac{93}{7 \times 8}\right] + \left[\frac{92}{8 \times 9}\right] + \left[\frac{91}{9 \times 10}\right]$$
$$= 49 + 16 + 8 + 4 + 3 + 2 + 1 + 1 + 1 = \mathbf{85}.$$

---

13 ★★★★　　　　　　　　　　　　　　　(JJMO 2004・問 12)

2^{2004} を $1, 2, 3, \cdots, 2^{2004}$ で割ってそれぞれ商と余りを求める．このとき，商として現れる整数は何種類あるか．

解答 n を正整数とするとき，n^2 を $1, 2, \cdots, n^2$ で割った商として現れる整数は $2n-1$ 種類であることを示す．

a を正の実数とするとき，$[a]$ で a の整数部分を表すとする．このとき次のことを示そう．

(1) $[n^2] > \left[\dfrac{n^2}{2}\right] > \left[\dfrac{n^2}{3}\right] > \cdots > \left[\dfrac{n^2}{n}\right]$.

(2) 集合 $\left\{\left[\dfrac{n^2}{n}\right], \left[\dfrac{n^2}{n+1}\right], \cdots, \left[\dfrac{n^2}{n^2}\right]\right\}$ は $\{1, 2, 3, \cdots, n\}$ と一致する．

(1) の証明．a と b の差が 1 以上ならば $[a]$ と $[b]$ は異なるから，$1 \leqq i \leqq n-1$ をみたす正整数 i について，

$$\frac{n^2}{i} - \frac{n^2}{i+1} \geqq 1$$

を示せば十分である.

$$\frac{n^2}{i} - \frac{n^2}{i+1} = \frac{n^2}{i(i+1)} > \frac{n^2}{(i+1)^2} \geqq \frac{n^2}{n^2} = 1$$

より示された.

(2) の証明. 1 以上 n 以下の任意の正整数 i について, $\left[\dfrac{n^2}{k}\right] = i$ となるような自然数 k が存在することを示せばよい.

n^2 を i で割った商を m とおく. このとき $m \geqq n \geqq i$ である. また, この余りを j とおくと $i > j \geqq 0$. よって $m > j$ が成り立つ. すると, n^2 を m で割った商は i で, 余りは j である ($m > j$ より). よって $k = m$ とすれば所望の k が得られる.

(1), (2) より, 商として

$$\left\{[n^2], \left[\frac{n^2}{2}\right], \left[\frac{n^2}{3}\right], \cdots, \left[\frac{n^2}{n}\right], n-1, n-2, \cdots, 1\right\}$$

が現れることが示された. よって $2n-1$ 種類の商が現れるので, 問題の場合は $2^{1003} - 1$ 種類の商が現れる.

1.1.2　不定方程式

不定方程式には, 知識編で紹介した 1 次不定方程式の他にもさまざまな形のものがあります. 素因数分解を用いるなど各々の方程式の特徴を見て, 整数の性質をうまく使うことにより解いていきましょう.

---

14 ★

　45 を引いても 44 を足しても平方数となる数は何か.

解答　求める数を x とすると,

$$\begin{cases} x - 45 = m^2 \\ x + 44 = n^2 \end{cases}$$

とおける．下の式から上の式を減ずると

$$89 = n^2 - m^2 = (n+m)(n-m).$$

ここで 89 は素数であり，また $0 < n-m < n+m$ なので，

$$\begin{cases} n-m = 1 \\ n+m = 89 \end{cases}$$

となる．これより $n = 45, m = 44$，ゆえに $x = 44^2 + 45 = \mathbf{1981}$.

---

15 ★★

2つの整数があり，その積は，その和よりも 1000 大きい．またそのうちの1つが平方数であるという．2数を求めよ．

✍ 2変数の不定方程式を解くことになりますが，定数部分以外をうまく因数分解（☞ 99 ページ）することができます．

解答 2数を x, y とし，x が平方数であるとする．積が和よりも 1000 大きいことから，$xy = x + y + 1000$ すなわち

$$(x-1)(y-1) = 1001 = 7 \cdot 11 \cdot 13.$$

よって $x - 1 = 1,\ 7,\ 11,\ 13,\ 7 \cdot 11,\ 7 \cdot 13,\ 11 \cdot 13,\ 7 \cdot 11 \cdot 13$ のいずれかであるが，このうち x が平方数となるのは $x = 11 \cdot 13 + 1 = 12^2$ のときだけである．このとき $y = 8$ となる．よって $(x, y) = \mathbf{(144, 8)}$ が求める解である．

---

16 ★★ ————————————— (AMC 2001・10 年生問 14)———

コンサートの入場券を 140 枚販売して，2001 ドルの売上があった．この入場券の定価は整数ドルであり，一部の入場券は定価で，残りは定価のちょうど半額で売れた．この入場券の定価はいくらか．

解答 定価を p ドル，定価で売れた枚数を f とおくと，題意より

$$fp + (140 - f) \cdot \frac{p}{2} = 2001,$$

すなわち $(140+f)p = 4002$ となるので, $140+f$ は 4002 の約数である. さらに f は 140 以下の自然数なので, $140+f$ は 140 以上 280 以下である. $4002 = 2 \times 3 \times 23 \times 29$ の約数のうち 140 以上 280 以下のものは $2 \times 3 \times 29 = 174$ のみである. ゆえに $140+f = 174$, 定価は $p = \dfrac{4002}{174} = \mathbf{23}$ ドルである.

---

17 ★★★

　　N は 4 桁の整数であり, 一の位は 0 ではない. N の桁の順番を逆にしたものを $R(N)$ で表す. たとえば $R(3275) = 5723$ である. このような整数 N で, $R(N) = 4N + 3$ をみたすものをすべて求めよ.

解答　$N = 1000a + 100b + 10c + d$ (a, b, c, d は 1 桁の整数) とおく. $R(N) = 1000d + 100c + 10b + a$ となる.

　$4N+3 = R(N) \leqq 9999$ より $N \leqq 2499$ だから $a = 1, 2$. さらに $R(N) = 4N+3$ は奇数なので $a = 1$. このとき $4N$ の 1 の位は 8 となるので $d = 2, 7$. ところが $a = 1$ より $4000 \leqq R(N) < 8000$ なので $d = 7$.

　$a = 1, d = 7$ を代入して整理すると,

$$7000 + 100c + 10b + 1 = 4(1000 + 100b + 10c + 7) + 3$$

より $13b = 2c + 99$ となる. b, c が 1 桁であることから $b = 9, c = 9$. これより $N = \mathbf{1997}$ となる.

---

18 ★★★　　　　　　　　　　　　　　　　　　　　（岐阜大学入試問題）

　　次の x に関する 2 次方程式

$$mx^2 + 5(m+1)x + 4(m+2) = 0$$

　　が有理数の解をもつとき, 整数 m の値を求めよ.

　✐　2 次の不定方程式を解く場合は, 2 次式を因数分解するか, 解の公式 (判別式) を活用する.

解答　$m = 0$ のときは, 与式は $5x + 8 = 0$ となり, 有理数解 $x = -\dfrac{8}{5}$ をもつ.

$m \neq 0$ のとき，解の公式から，この方程式の解は

$$x = \frac{-5(m+1) \pm \sqrt{D}}{2m}, \qquad D = (5(m+1))^2 - 4m(4(m+2))$$

である．これが有理数となるための条件は，D が (有理数)^2 となることである．

$$D = 25(m+1)^2 - 16m(m+2) = 9m^2 + 18m + 25 = 3^2(m+1)^2 + 16.$$

ここで $3(m+1) = n$ とおけば，整数 $k \geq 0$ が存在して，

$$D = n^2 + 16 = k^2$$

と書ける．これより，

$$(k+n)(k-n) = 16.$$

$(k+n) + (k-n) = 2k$ は偶数だから，$k+n$, $k-n$ はともに正の偶数である．

$k+n$	8	4	2
$k-n$	2	4	8
k	5	4	5
n	3	0	-3

$3(m+1) = n$ から，$m = \dfrac{n}{3} - 1$.

　$n = 3$ のとき，$m = 0$ となって，仮定に反する．

　$n = 0$ のとき，$m = -1$

　$n = -3$ のとき，$m = -2$.

以上より，求める整数 m の値は **0, -1, -2** である．

1.2　式

1.2.1　式と計算

19 ★★

　x の方程式 $\bigl||x-2|-1\bigr| = a$ に 3 つの実数解があるとき，a の値はいくらか．

✍ 絶対値(☞82 ページ)を扱うときには，中身の正負によって場合分けするとうまくいくことがよくあります.

解答 絶対値記号の中身の正負で場合分けをすると，

$$\bigl||x-2|-1\bigr| = \begin{cases} \bigl|\;(x-2)-1\bigr| & (x \geqq 2 \text{ のとき}) \\ \bigl|-(x-2)-1\bigr| & (x < 2 \text{ のとき}) \end{cases}$$

$$= \begin{cases} \bigl|\;x-3\bigr| & (x \geqq 2 \text{ のとき}) \\ \bigl|-x+1\bigr| & (x < 2 \text{ のとき}) \end{cases}$$

$$= \begin{cases} x-3 & (3 \leqq x \text{ のとき}) \\ -x+3 & (2 \leqq x < 3 \text{ のとき}) \\ x-1 & (1 \leqq x < 2 \text{ のとき}) \\ -x+1 & (x < 1 \text{ のとき}) \end{cases}$$

となるので，$y = \bigl||x-2|-1\bigr|$ のグラフは次のようになる.

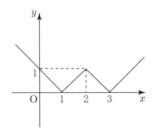

a は，この関数がちょうど3つの x に対してとる値だから，$a = 1$ である.

---

20 ★★★　　　　　　　　　　　　　　(JJMO 公開摸擬問題・問6)

連立方程式

$$\begin{cases} |x| + x + y = 5 \\ x + |y| - y = 10 \end{cases}$$

をみたす実数 x, y の組 (x, y) をすべて求めよ.

ただし，実数 a に対し，$|a|$ は a の絶対値である.

✍ やはり，絶対値記号の中身である x や y の正負に応じて場合分けをします．

解答 $0 \leq y$ を仮定すると第 2 式より $x = 10$ となるが，この値を第 1 式に代入すると $y = -15$ となり，仮定である $0 \leq y$ に合わない．したがって，$y < 0$ となる．

また同様に，$x \leq 0$ と仮定すると $y = 5$ だが，このとき第 2 式より $x = 10$ となり矛盾する．したがって，$x > 0$ となる．

以上より $x > 0$，$y < 0$ なので，与えられた方程式は

$$\begin{cases} 2x + y = 5 \\ x - 2y = 10 \end{cases}$$

となり，その解は $(x, y) = \mathbf{(4, -3)}$ である．実際この解は前述の条件 $x > 0$，$y < 0$ をみたす．

---

21 ★ ──────────────────(AMC 2001・10 年生問 10)──

> x, y, z は正で，$xy = 24$，$yz = 48$，$zx = 72$ のとき，$x + y + z$ を求めよ．

解答 まず $y^2 = \dfrac{(xy)(yz)}{zx} = \dfrac{24 \cdot 48}{72} = 16$ であり，y は正だから $y = 4$．

よって $x = 6$，$z = 12$ であり，$x + y + z = \mathbf{22}$ である．

---

22 ★★ ──────────────────(JJMO 公開摸擬問題・問 2)──

> $\left(\dfrac{\sqrt{5} + \sqrt{3} - \sqrt{2}}{\sqrt{2}}\right)^4 + \left(\dfrac{\sqrt{5} - \sqrt{3} + \sqrt{2}}{\sqrt{2}}\right)^4$ を求めよ．

✍ 対称式の性質(☞ 102 ページ)を使って計算の手間を減らすことができます．

解答 まず，$x = \dfrac{\sqrt{5} + \sqrt{3} - \sqrt{2}}{\sqrt{2}}$，$y = \dfrac{\sqrt{5} - \sqrt{3} + \sqrt{2}}{\sqrt{2}}$ とおくと，

$$x + y = \dfrac{2\sqrt{5}}{\sqrt{2}} = \sqrt{10}$$

$$xy = \dfrac{\sqrt{5} + (\sqrt{3} - \sqrt{2})}{\sqrt{2}} \cdot \dfrac{\sqrt{5} - (\sqrt{3} - \sqrt{2})}{\sqrt{2}} = \dfrac{5 - (\sqrt{3} - \sqrt{2})^2}{2} = \sqrt{6}$$

が成り立つ. これより
$$x^2 + y^2 = (x + y)^2 - 2xy = 10 - 2\sqrt{6}$$
となり,
$$x^4 + y^4 = \left(x^2 + y^2\right)^2 - 2x^2y^2 = \left(10 - 2\sqrt{6}\right)^2 - 12 = \mathbf{112 - 40\sqrt{6}}$$
を得る.

---

23 ★ ──────────────────────────────────── (JJMO 公開模擬問題・問 1) ─

連立方程式
$$\begin{cases} 1001x - 150y = 388 \\ 1002x + 2153y = 112 \end{cases}$$
の解 x, y の和 $x + y$ の値を求めよ.

✎ x や y の値そのものを求める必要はありません.

解答　両式の各辺を加えると $2003x + 2003y = 500$, すなわち $2003(x + y) = 500$
となる. よって $x + y = \dfrac{500}{2003}$.

---

24 ★★★ ──────────────────────────────── (JJMO 2003・問 9) ─

次の 2 つの式をみたす正の整数 a, b, c, d の組は何個あるか求めよ.
$$\begin{cases} a + b = cd \\ c + d = ab \end{cases}$$

解答　対称性より $a \leqq b$, $c \leqq d$ としてよい.

case 1 : 4 数の中に 1 が含まれる場合

$a = 1$ として一般性を失わない. このとき与えられた式から b を消去して
$cd - 1 = c + d$ つまり $(c - 1)(d - 1) = 2$ を得る. ここから $c = 2, d = 3$ であ
る. また, このとき $b = 5$ なので, $(a, b, c, d) = (1, 5, 2, 3)$.

ここで a と b の入れ替え，c と d の入れ替え，(a, b) と (c, d) の入れ替えを考えて合計 $2^3 = 8$ 通り．

<u>case 2 : 4 数とも 2 以上である場合</u>

第 1 式から $2d \leqq cd = a + b \leqq 2b$ なので $d \leqq b$. 同様にして第 2 式から $2b \leqq ab = c + d \leqq 2d$ なので $b \leqq d$. この 2 つの式から $b = d$ である．このとき与えられた方程式は $a + b = bc, b + c = ab$ となり，辺々引き算することにより $a - c = b(c - a)$ つまり $(a - c)(b + 1) = 0$ であるが，$b > 0$ より $a = c$ である．これより与えられた式は $a + b = ab$ つまり $(a - 1)(b - 1) = 1$ であり，ここから $a = b = 2$ を得る．

つまり，この場合は $(a, b, c, d) = (2, 2, 2, 2)$ の 1 通り．

以上合計して，答は **9** 通りである．

---

25 ★★

方程式 $x^2 - 10x - 5 = 0$ の 2 つの解を α, β としたとき，$\alpha^3 + \beta^3$ を求めよ．

✎ 解の公式を使って α と β を求めれば，もちろん答は得られます．しかし，求める値 $\alpha^3 + \beta^3$ が対称式（☞ 102 ページ）であることに着目して，解と係数の関係（☞ 103 ページ）を使えば，計算が少なくて済みます．

解答 解と係数の関係より $\alpha + \beta = 10$ と $\alpha\beta = -5$ を得るから，
$$\alpha^3 + \beta^3 = (\alpha + \beta)^3 - 3\alpha\beta(\alpha + \beta) = 10^3 - 3 \cdot (-5) \cdot 10 = \mathbf{1150}.$$

---

26 ★★★ ────────────────(JJMO 公開摸擬問題・問 3)─

x についての方程式
$$x^2(x + 2)^2 - x^2 - 2x - 6 = 0$$
の実数解をすべて求めよ．

✎ 与えられた式は x に関する 4 次方程式ですが，うまくまとまりを見つけることで，2 次方程式の解法で解くことができます．

解答　$x(x+2)=y$ とおくと，与式は y についての2次方程式

$$y^2 - y - 6 = 0$$

になる．これより $y = -2, 3$．すなわち $x(x+2)$ は -2 または3に等しい．

ところが $x(x+2) = -2$ をみたす実数 x は存在しない．一方 $x(x+2) = 3$ は $x = 1, -3$ によってみたされる．

よって求める解は $x = \mathbf{1}, \mathbf{-3}$．

---

27 ★★ ───────────────────(JJMO 公開摸擬問題・問7)───

2つの整数 x, y は

$$(x - 2y + 4)(3x + 4y - 14)^2 = 5$$

をみたす．このような整数の組 (x, y) をすべて求めよ．

✎ x や y が整数なので，$x - 2y + 4$ や $3x + 4y - 14$ も整数です．すると，与式は3つの整数の積が5に等しいと述べていますから，これを手がかりに解を絞り込むことができます．

解答　$A = x - 2y + 4$ と $B = 3x + 4y - 14$ はともに整数であり，与式より

$$AB^2 = 5$$

をみたす．ここで B^2 が5を割り切ることから $B = \pm 1$，したがって $A = 5$.

よって整数の組 (x, y) は連立方程式

$$\begin{cases} x - 2y + 4 = 5 \\ 3x + 4y - 14 = 1 \end{cases} \quad \text{あるいは} \quad \begin{cases} x - 2y + 4 = 5 \\ 3x + 4y - 14 = -1 \end{cases}$$

のどちらかをみたす．ここで後者の場合 $(x, y) = (3, 1)$ であり，解は整数となる．また前者の場合 $(x, y) = \left(\dfrac{17}{5}, \dfrac{6}{5} \right)$ となり，解は整数解とならない．したがって求める組は $(x, y) = \mathbf{(3, 1)}$ のみ．

---

28 ★★★★★ ───────────────(AIME 1990・問15)───

実数 a, b, x, y が

$$\begin{cases} ax + by = 3 \\ ax^2 + by^2 = 7 \\ ax^3 + by^3 = 16 \\ ax^4 + by^4 = 42 \end{cases}$$

をみたすとき，$ax^5 + by^5$ の値を求めよ．

✍ 条件の式の左辺はすべて $ax^n + by^n$ の形をしています．この形の式がみたすべき関係式をつくってみましょう．

解答 任意の自然数 n に対して

$$(ax^{n+1} + by^{n+1})(x + y) - (ax^n + by^n)xy = ax^{n+2} + by^{n+2}$$

が成り立つ．これを $n = 1, 2$ について用いると，与えられた条件より

$$7(x + y) - 3xy = 16$$
$$16(x + y) - 7xy = 42$$

となる．これより $x + y = -14$ と $xy = -38$ を得る．再び冒頭の式を今度は $n = 3$ について用いて，

$$ax^5 + by^5 = (ax^4 + by^4)(x + y) - (ax^3 + by^3)xy$$
$$= 42 \cdot (-14) - 16 \cdot (-38) = \mathbf{20}$$

を得る．

1.2.2 関数方程式

与えられた条件をみたす関数(☞86 ページ)を求める問題です．

29 ★ ────────────(AMC 2001・12 年生問 9)─

関数 f は任意の正の数 x, y に対して $f(xy) = \dfrac{f(x)}{y}$ をみたす．$f(500) = 3$ のとき $f(600)$ を求めよ．

解答 $f(600) = f\left(500 \cdot \dfrac{6}{5}\right) = f(500) \div \dfrac{6}{5} = 3 \div \dfrac{6}{5} = \dfrac{\mathbf{5}}{\mathbf{2}}$.

---

30 ★★

正の整数 x, y に対して，関数 $f(x, y)$ が以下の条件をみたす．

$$\begin{cases} f(x, x) = x \\ f(x, y) = f(y, x) \\ (x + y)f(x, y) = yf(x, x + y) \end{cases}$$

このとき $f(14, 52)$ の値を求めよ．

解答 第 3 式を整理すると，$f(x, x + y) = \dfrac{x + y}{y}f(x, y)$ である．よって，

$$f(14, 52) = \frac{52}{38}f(14, 38) = \frac{52}{38} \cdot \frac{38}{24}f(14, 24) = \frac{52}{38} \cdot \frac{38}{24} \cdot \frac{24}{10}f(14, 10)$$

$$= \frac{52}{10}f(10, 14) = \frac{52}{10} \cdot \frac{14}{4}f(10, 4)$$

$$= \frac{52}{10} \cdot \frac{14}{4}f(4, 10) = \frac{52}{10} \cdot \frac{14}{4} \cdot \frac{10}{6}f(4, 6) = \frac{52}{10} \cdot \frac{14}{4} \cdot \frac{10}{6} \cdot \frac{6}{2}f(4, 2)$$

$$= \frac{52}{10} \cdot \frac{14}{4} \cdot \frac{10}{2}f(2, 4) = \frac{52}{10} \cdot \frac{14}{4} \cdot \frac{10}{2} \cdot \frac{4}{2}f(2, 2)$$

$$= \frac{52}{10} \cdot \frac{14}{4} \cdot \frac{10}{2} \cdot \frac{4}{2} \cdot 2 = \mathbf{364}.$$

---

31 ★★★★ —————————————————————————————（AIME 1984・問 7）—

整数から整数への関数 f が，

$$f(n) = \begin{cases} n - 3 & (n \geqq 1000 \text{ のとき}) \\ f(f(n + 5)) & (n < 1000 \text{ のとき}) \end{cases}$$

をみたすとき，$f(84)$ を求めよ．

✎ まずはわかる値から求めてみて予想してみましょう．予想を確かめるときに，帰納法（☞ 88 ページ）を使います．

解答 1000 未満の n に対して $f(n)$ を順に求めていくと，

$$f(999) = f(f(1004)) = f(1001) = 998$$

$$f(998) = f(f(1003)) = f(1000) = 997$$

$$f(997) = f(f(1002)) = f(999) = 998$$

$$f(996) = f(f(1001)) = f(998) = 997$$

$$f(995) = f(f(1000)) = f(997) = 998$$

となる．これより，$n < 1000$ に対して

$$f(n) = \begin{cases} 998 & (n \text{ が奇数のとき}) \\ 997 & (n \text{ が偶数のとき}) \end{cases}$$

と予想される．これが正しいことを帰納法で示す．

　上で確認したとおり，$995 \leqq n < 1000$ において予想は正しい．

　k を 995 以下の整数とする．$n > k$ に対し予想が正しいと仮定する．k が奇数ならば，$k + 5$ は 1000 未満の偶数だから，

$$f(k) = f(f(k + 5)) = f(997) = 998$$

となる．同様に，n が偶数のときは，$k + 5$ は 1000 未満の奇数だから，

$$f(k) = f(f(k + 5)) = f(998) = 997$$

となる．よって $n = k$ に対しても予想は正しい．

　以上より，すべての $n < 1000$ なる n に対して予想が正しいことが，帰納法によりわかった．特に $f(84) = \mathbf{997}$ である．

1.2.3　不等式

┌─ 32 ★ ─────────────────────────────┐

　正の実数 x に対して，$x + \dfrac{4}{x}$ の最小値を求めよ．

└────────────────────────────────────┘

✎　$x + \dfrac{4}{x}$ の最小値が A であることをいうには，次の 2 つを示す必要があります．

- どの正の実数 x に対しても，$x + \dfrac{4}{x} \geqq A$ が成り立つ．

- ある正の実数 x に対して，$x + \dfrac{4}{x} = A$ が成り立つ．

解答　$x, \dfrac{4}{x}$ はともに正であるから，相加・相乗平均の不等式 (☞ 103 ページ) より，

$$x + \frac{4}{x} \geqq 2\sqrt{x \cdot \frac{4}{x}} = 4.$$

等号は $x = \dfrac{4}{x}$ すなわち $x = 2$ のときに成立するので，求める最小値は **4** である．

---

33 ★★★

x が実数のとき，$x^{16} - x + 1 > 0$ を示せ．

証明　示すべき式の左辺を変形して，

$$x^{16} - x + 1 = \left(x^8 - \frac{1}{2}\right)^2 + \left(x^4 - \frac{1}{2}\right)^2 + \left(x^2 - \frac{1}{2}\right)^2 + \left(x - \frac{1}{2}\right)^2 \geqq 0.$$

ここで x^8, x^4, x^2, x が同時に $\dfrac{1}{2}$ に等しくなることはないので，$x^{16} - x + 1 > 0$ が成り立つ．

---

34 ★★★

a, b, c, d, e が実数のとき，$a^2 + b^2 + c^2 + d^2 + e^2 \geqq a(b + c + d + e)$ を示せ．

証明　左辺から右辺を減じた差は，

$$a^2 + b^2 + c^2 + d^2 + e^2 - a(b + c + d + e)$$

$$= \left(\frac{a}{2} - b\right)^2 + \left(\frac{a}{2} - c\right)^2 + \left(\frac{a}{2} - d\right)^2 + \left(\frac{a}{2} - e\right)^2 \geqq 0$$

となる．

---

35 ★★★

不等式 $a^3 + b^3 + c^3 - 1 \leqq 3abc$ をみたす 0 以上の整数の組 (a, b, c) をすべて求めよ．

✍ 不等式なので一見整数の性質を使いにくく見えますが，具体的な値をいくつか代入してみると，この不等式が成り立つことは少ないことがわかります．有名不等式を用いて左辺と右辺を比較してみましょう．

解答 相加・相乗平均の不等式(☞ 103 ページ)により $3abc \leqq a^3 + b^3 + c^3$ なので，

$$a^3 + b^3 + c^3 - 1 \leqq 3abc \leqq a^3 + b^3 + c^3$$

である．$a^3 + b^3 + c^3$ と $3abc$ はともに整数なので，$3abc = a^3 + b^3 + c^3$ または $3abc = a^3 + b^3 + c^3 - 1$ である．

$3abc = a^3 + b^3 + c^3$ は，等号成立条件 $a = b = c$ と同値である．

$3abc = a^3 + b^3 + c^3 - 1$ は移項して $a^3 + b^3 + c^3 - 3abc = 1$，よって

$$(a + b + c)(a^2 + b^2 + c^2 - bc - ca - ab) = 1.$$

ここで $a + b + c$ は 0 以上の整数なので，$a + b + c = 1$ である．よって $(a, b, c) = (1, 0, 0), (0, 1, 0), (0, 0, 1)$ である．このどれもが $a^3 + b^3 + c^3 - 3abc = 1$ をみたすことは容易に確認できる．

よって答は

$$(a, b, c) = (1, 0, 0), \ (0, 1, 0), \ (0, 0, 1), \ (k, k, k)$$

$$(k \ は \ 0 \ 以上の整数)$$

である．

1.3 数列

---
36 ★★★★ ────────────────────(AIME 1986・問 7)──

$3^n \ (n \geqq 0)$ の形をした 1 つ以上の相異なる整数の和として表される整数を小さい方から次のように並べる．

$$1, 3, 4, 9, 10, 12, 13, \cdots$$

この数列の第 100 項を求めよ．

✍ 3^n の形をした整数の和という条件から，三進法(☞ 97 ページ)で表すとうまくいくのではないかと考えてみます．

解答　この数列に現れる整数は，

$$3^n + a_{n-1}3^{n-1} + \cdots + a_1 3^1 + a_0$$

(ただし $a_{n-1}, \cdots, a_1, a_0$ は 0, 1 のどちらか) という形で表される数，つまり三進法で表したときに各桁に 0 か 1 しか現れない数である．よって，この数列を三進法で書きなおすと，

$$1_{(3)}, \ 10_{(3)}, \ 11_{(3)}, \ 100_{(3)}, \ 101_{(3)}, \ 110_{(3)}, \ 111_{(3)}, \ 1000_{(3)}, \cdots$$

という数列であり，これは，1, 2, 3, $\cdots$ を二進法で書きなおした数列

$$1_{(2)}, \ 10_{(2)}, \ 11_{(2)}, \ 100_{(2)}, \ 101_{(2)}, \ 110_{(2)}, \ 111_{(2)}, \ 1000_{(2)}, \cdots$$

と同じ形となる．ここで $100 = 2^6 + 2^5 + 2^2 = 1\,100\,100_{(2)}$ であるから，第 100 項は $1\,100\,100_{(3)} = 3^6 + 3^5 + 3^2 = \mathbf{981}$ となる．

---

37 ★★ ───────────────────────（AIME 1990・問 1）───

(1) 平方数でない正の整数を小さい方から順に次のように並べる．

$$2, \ 3, \ 5, \ 6, \ 7, \ 8, \ 10, \cdots$$

この数列の第 500 項を求めよ．

(2) 平方数でも立方数でもない正の整数を小さい方から順に次のように並べる．

$$2, \ 3, \ 5, \ 6, \ 7, \ 10, \ 11, \cdots$$

この数列の第 500 項を求めよ．

✍ 平方数でも立方数でもない数を数えていくよりも，平方数または立方数である数がいくつあるかを数えていく方が簡単です．

解答　(1) $22^2 = 484, 23^2 = 529$ であるから，第 500 項は $500 + 22 = 522$ 程度と予想される．522 以下の平方数は確かに 22 個であるから，第 500 項は **522**.

(2) $22^2 = 484, 23^2 = 529$ であり，$8^3 = 512, 9^3 = 729$ であるか，第 500 項は $500 + 22 + 8 = 530$ 程度と考えられる．$1^6 = 1, 2^6 = 64$ は平方数でも立方数でもあることに注意すると，平方数であるか立方数である 530 以下の正

の整数は，$23 + 8 - 2 = 29$ 個ある．よって 530 は第 501 項であり，第 500 項は **528** である．

---

38 ★★★★

$\sqrt{n}$ に最も近い整数を a_n で表す．$\dfrac{1}{a_1} + \dfrac{1}{a_2} + \cdots + \dfrac{1}{a_{1980}}$ を求めよ．

✍ 実際に a_n がどのような値をとるのか調べてみましょう．

解答 正の整数 k に対し，$a_n = k$ となるのは n が
$$k - \frac{1}{2} < \sqrt{n} < k + \frac{1}{2}$$
すなわち
$$k^2 - k + \frac{1}{4} < n < k^2 + k + \frac{1}{4}$$
をみたすときである．そのような n は $k^2 - k + 1$ 以上 $k^2 + k$ 以下の $2k$ 個である．

また $\left(44 + \dfrac{1}{2}\right)^2 = 1980 + \dfrac{1}{4}$ より $a_{1980} = 44, a_{1981} = 45$ であるから，

$$\frac{1}{a_1} + \frac{1}{a_2} + \cdots + \frac{1}{a_{1980}}$$

$$= \frac{1}{1} + \frac{1}{1} + \underbrace{\frac{1}{2} + \cdots + \frac{1}{2}}_{4\ 個} + \cdots + \underbrace{\frac{1}{k} + \cdots + \frac{1}{k}}_{2k\ 個} + \cdots + \underbrace{\frac{1}{44} + \cdots + \frac{1}{44}}_{88\ 個}$$

$$= \underbrace{2 + 2 + \cdots + 2}_{44\ 個} = \mathbf{88}.$$

---

39 ★★★

(1) $\dfrac{1}{1 \cdot 2} + \dfrac{1}{2 \cdot 3} + \cdots + \dfrac{1}{1000 \cdot 1001}$ を求めよ．

(2) $\dfrac{1}{1! \cdot 3} + \dfrac{1}{2! \cdot 4} + \cdots + \dfrac{1}{1000! \cdot 1002}$ を求めよ．

✍ 数列の各項を $f(n+1) - f(n)$ という形で表すことができれば，その数列の和を簡単に求めることができます．

解答 (1) $\dfrac{1}{n(n+1)} = \dfrac{1}{n} - \dfrac{1}{n+1}$ であるから,

$$\dfrac{1}{1 \cdot 2} + \dfrac{1}{2 \cdot 3} + \cdots + \dfrac{1}{1000 \cdot 1001}$$

$$= \left(\dfrac{1}{1} - \dfrac{1}{2}\right) + \left(\dfrac{1}{2} - \dfrac{1}{3}\right) + \cdots + \left(\dfrac{1}{1000} - \dfrac{1}{1001}\right)$$

$$= 1 - \dfrac{1}{1001} = \mathbf{\dfrac{1000}{1001}}.$$

(2) $\dfrac{1}{n! \cdot (n+2)} = \dfrac{1}{(n+1)!} - \dfrac{1}{(n+2)!}$ であるから,

$$\dfrac{1}{1! \cdot 3} + \dfrac{1}{2! \cdot 4} + \cdots + \dfrac{1}{1000! \cdot 1002}$$

$$= \left(\dfrac{1}{2!} - \dfrac{1}{3!}\right) + \left(\dfrac{1}{3!} - \dfrac{1}{4!}\right) + \cdots + \left(\dfrac{1}{1001!} - \dfrac{1}{1002!}\right)$$

$$= \mathbf{\dfrac{1}{2}} - \mathbf{\dfrac{1}{1002!}}.$$

---

40 ★★★ ———————————————— (AMC 2001・12 年生問 25)——

　正の実数の列 $x, 2000, y, \cdots$ を考える. 第 2 項以降のどの項も, 両隣の項の積より 1 だけ小さい. この数列に 2001 が現れるような x のとり方は何通りあるか.

✎ 与えられた漸化式 (☞ 104 ページ) を用いて実際に初めの方の項を計算して考えてみましょう.

解答 この数列の第 n 項を a_n で表す. 与えられた漸化式は, 3 以上の各整数 n に対して $a_{n-1} = a_n a_{n-2} - 1$, すなわち

$$a_n = \dfrac{a_{n-1} + 1}{a_{n-2}}$$

が成り立つというものである. これを用いて $a_1 = x$ と $a_2 = 2000$ から順に,

$$a_3 = \dfrac{2001}{x}$$

$$a_4 = \frac{\dfrac{2001}{x} + 1}{2000} = \frac{x + 2001}{2000x}$$

$$a_5 = \frac{\dfrac{x + 2001}{2000x} + 1}{\dfrac{2001}{x}} = \frac{x + 1}{2000}$$

$$a_6 = \frac{\dfrac{x + 1}{2000} + 1}{\dfrac{x + 2001}{2000x}} = x$$

$$a_7 = \frac{x + 1}{\dfrac{x + 1}{2000}} = 2000$$

を得る. すると $a_6 = a_1$, $a_7 = a_2$ だから, この数列は a_1, a_2, $\cdots$, a_5 という 5 つの数を繰り返す数列となる. よって, a_1, a_3, a_4, a_5 の中に 2001 が現れるような x を求めればよい.

- $a_1 = 2001$ となるのは, $x = 2001$ のとき.
- $a_3 = 2001$ となるのは, $x = 1$ のとき.
- $a_4 = 2001$ となるのは, $x = \dfrac{2001}{2000 \cdot 2001 - 1}$ のとき.
- $a_5 = 2001$ となるのは, $x = 2000 \cdot 2001 - 1$ のとき.

これらはすべて異なるので, x のとり方は **4 通り**となる.

第 **2** 章

幾何

2.1 平面図形

2.1.1 三平方の定理 (ピタゴラスの定理)

41 ★

下の図形の周の長さを求めよ．ただし点線は含まない．

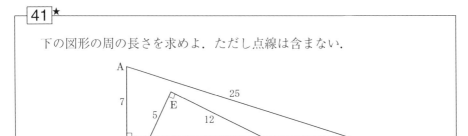

解答 △ABC と △DEF にそれぞれ三平方の定理 (☞ 111 ページ) を用いて，

$$BC = \sqrt{AC^2 - AB^2} = \sqrt{25^2 - 7^2} = 24$$
$$DF = \sqrt{DE^2 + EF^2} = \sqrt{5^2 + 12^2} = 13.$$

よって，求める図形の周の長さは，

$$7 + 25 + 24 + 5 + 12 - 13 = \mathbf{60}.$$

42 ★ ─────────────────── (AMC 2001・10 年生問 20) ──

正方形の四隅から直角二等辺三角形を切り落として正八角形をつくる．正方形の 1 辺の長さが 2000 のとき，できあがった正八角形の 1 辺の長さはいくらか．

解答 正八角形の1辺の長さを x とおくと，切り取られた直角二等辺三角形の斜辺以外の2辺の長さは三平方の定理(☞111ページ)から $\frac{1}{\sqrt{2}}x$. よって，もとの正方形の1辺の長さは $2 \times \frac{1}{\sqrt{2}}x + x = 2000$ と表せるので，

$$x = \frac{2000}{\sqrt{2}+1} = 2000(\sqrt{2}-1).$$

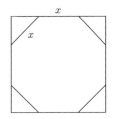

43 ★★

∠ACB = 30°，BC = 4，AB = 3 をみたす三角形 ABC がある．この三角形の面積として考えられうる値をすべて求めよ．

解答 頂点 A, B, C から対辺に下ろした垂線の足(☞107ページ)をそれぞれ A′, B′, C′ とおく．∠ACB = 30° と BC = 4 より △CBB′ は1辺4の正三角形の半分の形なので，BB′ = 2，CB′ = $2\sqrt{3}$. よって，AB = 3 と三平方の定理(☞111ページ)より，

$$AB' = \sqrt{3^2 - 2^2} = \sqrt{5}$$

となる．AB′ < CB′ であるので，次の2つの場合がありうる．

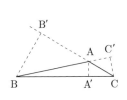
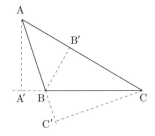

点 A が線分 CB′ 上にあるとき，CA = $2\sqrt{3} - \sqrt{5}$ であり，△ABC の面積は

$\dfrac{1}{2}\mathrm{CA} \times \mathrm{BB'} = \mathbf{2\sqrt{3} - \sqrt{5}}$ となる.

　点 A が線分 CB′ の外側にあるとき，$\mathrm{CA} = 2\sqrt{3} + \sqrt{5}$ であり，同様にして △ABC の面積は $\mathbf{2\sqrt{3} + \sqrt{5}}$ となる.

2.1.2　図形の面積

　以下，平面図形 X の面積を $|X|$ で表記する．ただし，混乱が生じないときは，X でその面積を表すこともある.

---

44 ★ ———————————————————————（JJMO 2005・問 3）——

　面積 6 の三角形 OAB において，辺 OA, OB の中点をそれぞれ P, Q とする．PB と QA の交点を G とするとき，四角形 OPGQ の面積を求めよ.

解答　OP=AP より，$|\triangle\mathrm{OGB}| = |\triangle\mathrm{AGB}|$，OQ = BQ より，$|\triangle\mathrm{AGO}| = |\triangle\mathrm{AGB}|$ であるから，

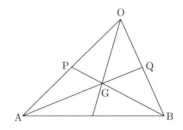

$$|\triangle\mathrm{OGB}| = |\triangle\mathrm{AGB}| = |\triangle\mathrm{AGO}| = \frac{|\triangle\mathrm{OAB}|}{3} = 2.$$

　OP=AP より，$|\triangle\mathrm{PGO}| = \dfrac{|\triangle\mathrm{AGO}|}{2} = 1$，

　　OQ=BQ より，$|\triangle\mathrm{OGQ}| = \dfrac{|\triangle\mathrm{OGB}|}{2} = 1$

であるから，

$$|\,\text{四角形 OPGQ}| = |\triangle\mathrm{PGO}| + |\triangle\mathrm{OGQ}| = \mathbf{2}.$$

注意　G は △OAB の重心である.

45 ★★

図のように △ABC の内部に点 P をとり，P を通り各辺に平行な直線を引く．こうしてできる 3 つの三角形 t_1, t_2, t_3 の面積がそれぞれ 4, 9, 49 であるとき，△ABC の面積を求めよ．

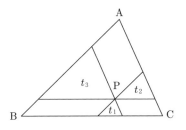

解答 3 つの三角形 t_1, t_2, t_3 はそれぞれ △ABC と相似であり，これらの相似比 (☞ 106 ページ) は 2 : 3 : 7 である．図のように直線 BC 上の交点を Q, R とすると，

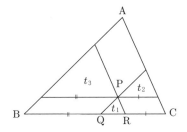

$$\text{BC} : \text{QR} = (3 + 7 + 2) : 2 = 6 : 1$$

である．よって，△ABC と三角形 t_1 の相似比は 6 : 1 であるので，面積比は $6^2 : 1^2 = 36 : 1$ となる．ゆえに，△ABC の面積は $4 \times 36 = \mathbf{144}$.

46 ★★★ ──────────── (AMC 2001・12 年生問 22)──

長方形 ABCD の辺 CD の中点を E とし，辺 AB 上に点 F, G を AF = FG = GB をみたすようにとる．線分 AC は線分 EF と点 H で，線分 EG と点 I で交わる．長方形 ABCD の面積が 70 のとき，△EHI の面積を求めよ．

|解答| △CEH と △AFH は相似であるので,

$$EH : FH = CE : AF = \frac{1}{2} : \frac{1}{3} = 3 : 2.$$

また, △CEI と △AGI は相似であるので,

$$EI : GI = CE : AG = \frac{1}{2} : \frac{2}{3} = 3 : 4.$$

△EFG の面積は四角形 ABCD の $\frac{1}{6}$ であるので, $\frac{35}{3}$. よって,

$$\triangle EHI = \frac{EH}{EH + FH} \cdot \frac{EI}{EI + GI} \cdot \triangle EFG = \frac{3}{5} \cdot \frac{3}{7} \cdot \frac{35}{3} = \mathbf{3}.$$

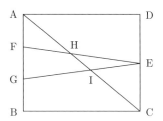

---

47 ★★

　ABCD は凸四角形である. 辺 AB, BC, CD, DA の中点をそれぞれ P, Q, R, S とする. 四角形 PQRS の面積が 1 のとき, 四角形 ABCD の面積を求めよ.

|解答|　点 P, Q, R, S が各辺の中点なので, 中点連結定理(☞107 ページ)より, 相似な三角形に着目すると, △APS, △BQP, △CRQ, △DSR の面積はそれぞれ △ABD, △BCA, △CDB, △DAC の面積の $\frac{1}{4}$ である. これを用いると

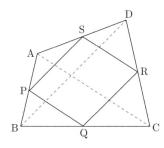

| 四角形 PQRS|

$\quad = |$ 四角形 $ABCD| - (|\triangle APS| + |\triangle CRQ| + |\triangle BQP| + |\triangle DSR|)$

$\quad = |$ 四角形 $ABCD| - \dfrac{1}{4}\{|\triangle ABD| + |\triangle CDB| + |\triangle BCA| + |\triangle DAC|\}$

$\quad = |$ 四角形 $ABCD| - \dfrac{1}{4} \cdot 2 \cdot |$ 四角形 $ABCD|$

$\quad = \dfrac{1}{2}|$ 四角形 $ABCD|$

より，

$\quad |$ 四角形 $ABCD| = 2 \cdot |$ 四角形 $PQRS| = \mathbf{2}.$

---

48 ★★

　図において，外側の正方形は1辺の長さが3である．このとき斜線部の面積を求めよ．

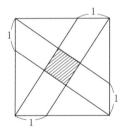

解答　図のように記号を付け，PR // AB となるように直線 DQ 上の点 R をとる．このとき PR // AB なので ∠ABC = ∠QPR であり，また ∠BAC = ∠PQR = 90° であるから，△ABC ∽ △QPR である．

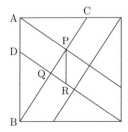

AB = 3, BC = $\sqrt{3^2 + 2^2} = \sqrt{13}$, PR = AD = 1 より，求める面積は

$$PQ^2 = \left(PR \times \frac{AB}{BC}\right)^2 = \frac{\mathbf{9}}{\mathbf{13}}$$

である．

---

49 ★★★★ ───────────────────（JMO 1991 予選・問 3）───

　△ABC の重心(☞ 109 ページ)を G とする．GA = $2\sqrt{3}$, GB = $2\sqrt{2}$, GC = 2 のとき，△ABC の面積を求めよ．

解答　辺 BC と直線 AG の交点を M とすると，AG : GM = 2 : 1 より，△ABC : △GBC = 3 : 1.

　直線 AG 上に MG = MD となる G とは異なる点 D をとると，重心(☞ 109 ページ)の定義から BM = CM．また∠BMG = ∠CMD である．これより，二辺夾角が等しい(☞ 106 ページ)ので △GBM ≡ △DCM となり，△GBC = △GDC がわかる．

　△GCD の各辺の長さは GD = GA = $2\sqrt{3}$, GC = 2, CD = GB = $2\sqrt{2}$ であり，$GD^2 = GC^2 + CD^2$ が成り立つことから △GCD は直角三角形である．よって，

$$\triangle GCD = \frac{1}{2}(GC \times CD) = 2\sqrt{2}.$$

　△ABC : △GBC = 3 : 1, △GBC = △GCD より，

　　△ABC = 3 · △GBC = 3 · △GCD = $\mathbf{6\sqrt{2}}$.

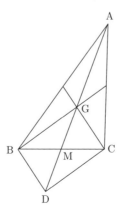

---

50 ★★★★★

正三角形 ABC の内部に点 P があり，AP = 3, BP = 4, CP = 5 である．このとき，△ABC の面積を求めよ．

解答 △APB を点 B を中心に (点 A が点 C に一致するように) 60° 回転させたとき点 P が移る点を D とする．すると，BP = BD でありかつ ∠PBD = 60°であるので，△BPD は 1 辺 4 の正三角形となる．また，△CPD は辺の長さが CP = 5, PD = BP = 4, CD = AP = 3 となり，直角三角形となる．同様にして，△BPC, CPA をそれぞれ点 C, A を中心に 60° 回転させたとき点 P が移る点をそれぞれ E, F とすると，

|六角形 AFBDCE|

$$= |\triangle BPD| + |\triangle CPD| + |\triangle CPE| + |\triangle APE| + |\triangle APF| + |\triangle BPF|$$

$$= |1 辺 3 の正三角形| + |1 辺 4 の正三角形|$$

$$\qquad + |1 辺 5 の正三角形| + 3 \times |3 辺が 3, 4, 5 の直角三角形|$$

$$= \frac{1}{4}\sqrt{3}\,(3^2 + 4^2 + 5^2) + 3 \cdot \frac{3 \cdot 4}{2} = \frac{25}{2}\sqrt{3} + 18$$

となる．

また，回転移動したことを考えると，△APB = △CDB, △BPC = △AEC, △CPA = △BFA であり，△ABC = △APB + △BPC + △CPA であるので，

|六角形 AFBDCE| = 2 · |△ABC|

となる．よって，$\triangle ABC = \dfrac{25}{4}\sqrt{3} + 9$ となる．

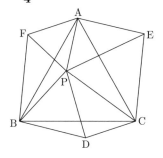

51 ★★★

　1辺の長さが1の正方形 ABCD がある．点 P, Q がそれぞれ辺 AB, AD 上を動くとき，頂点 A を線分 PQ で折り返した点 A′ の動く範囲の面積を求めよ．

解答　点 B, D を中心とする半径1の2つの円の共通部分を L とする．A′ の動く範囲が L であることを示すためには，次の2つを示せばよい．

(1) 辺 AB, AD 上のどこに点 P, Q があっても，A′ は L の周または内部にあること．

(2) L の周または内部の点であればどの点でも，その点が A′ となるように点 P, Q を辺 AB, AD 上にとれること．

　まず(1)を示す．二角不等式（☞112ページ）より，BA′ ≦ BP+PA′ = BP+PA = 1．同様にして，DA′ ≦ 1 となる．よって，点 A′ は L の周または内部にある．

　次に(2)を示す．L の周および内部の点を X とすると，BX ≦ 1 ≦ BA + AX なので，BP + PX = 1 となる点 P が辺 AB 上に存在する．同様に DQ + QX = 1 となる点 Q が辺 AD 上に存在する．この PQ で頂点 A を折り返すと X に移る．

　したがって，L の面積が求める面積であり，そのうち △ACD に含まれる部分の面積は

$$\frac{1}{4} \times |\text{半径1の円}| - |\triangle ABC| = \frac{\pi}{4} - \frac{1}{2}$$

である．直線 AC に対する対称性より L の面積はこの2倍，すなわち $\dfrac{\pi}{2} - 1$．

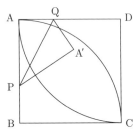

2.1.3 その他の直線図形に関する問題

---

52 ★★ ────────────────────── (JJMO 2004・問 8)──

BC $= 3$, CA $= 2$, AB $= 4$ であるような三角形 ABC がある. 辺 AB 上に 2 点 D, E をとり, AD $= 1$, $\angle ACD = \angle BCE$ となるようにする. 線分 BE の長さを求めよ.

解答 線分 CD, CE の長さをそれぞれ p, q とおく.

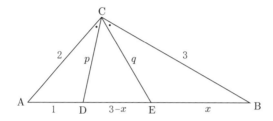

$\angle ACD = \angle BCE$ より,

$$AD : EB = \triangle ACD : \triangle BCE = CA \times CD : CB \times CE$$

なので,

$$1 : x = 2p : 3q. \quad \cdots ①$$

また, $\angle ACE = \angle ACB - \angle BCE = \angle ACB - \angle ACD = \angle BCD$ より,

$$AE : DB = \triangle ACE : \triangle BCD = CA \times CE : CB \times CD$$

なので,

$$(4 - x) : 3 = 2q : 3p. \quad \cdots ②$$

よって, ①,② より,

$$3 : 2x = 6p : 6q = 6 : 3(4 - x)$$

となるので,

$$3 \times 3(4 - x) = 2x \times 6.$$

これを解いて, 求める長さは $x = \dfrac{12}{7}$ である.

53 ★★★

　正方形 ABCD の辺 CD, DA の中点をそれぞれ E, F とおく. 2 線分 BE, CF の交点を P とおくとき, AP = AB であることを証明せよ.

証明　線分 BC の中点を G とおく. 2 線分 AG, BE の交点 Q とする. このとき ∠GBQ = ∠EBC, ∠BGQ = ∠BEC より, ∠BQG = ∠BCE = 90° である.

　また一方, AG // FC であり, BG = GC なので, BQ = QP. △AQB と △AQP で AQ が共通であることを合わせて, △AQB ≡ △AQP. よって, AB = AP.

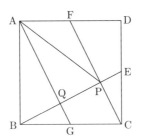

54 ★★★★　────────────────(AMC 2001・12 年生問 24)──

　△ABC があり, 辺 BC 上に点 D がある. CD = 2BD, ∠ABC = 45°, ∠DAB = 15° のとき, ∠ACB を求めよ.

解答　線分 AD 上に DE = BD となる点 E をとる. △CDE に着目すると,

$$\angle \text{CDE} = \angle \text{ABC} + \angle \text{DAB} = 45° + 15° = 60°$$

であり, また CD : DE = 2 : 1 であるので, ∠CED = 90°, ∠DCE = 30° である.

　DE = BD と ∠CDE = 60° より, △DBE は ∠DBE = ∠DEB = 30° の二等辺三角形である. よって, ∠EBA = 45° − 30° = 15° = ∠EAB となるので, △EBA は二等辺三角形であり EB = EA である. また, ∠DEB = 30° と ∠DCE = 30° より, △EBC も二等辺三角形であり EB = EC となる.

　∠CED = 90°, EB = EA, EB = EC より, △CEA は直角二等辺三角形となるため ∠ACE = 45°. ゆえに,

$$\angle \text{ACB} = \angle \text{ACE} + \angle \text{DCE} = 45° + 30° = \mathbf{75°}.$$

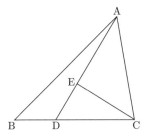

55 ★★★ ─────────────────── (JJMO 2005・問 10)─

三角形 ABC とその内部の点 P があり，∠APB = ∠APC = 130° と PB : PC = 2 : 3 が成り立っている．辺 AB, AC 上にそれぞれ ∠APQ = ∠APR = 80° となる点 Q, R をとる．AQ : QB = 4 : 3 であるとき，AR : RC を求めよ．

解答　直線 AP と BC の交点を S とする．線分 PC 上に PD = PB となる点 D をとり，AD と PR の交点を T，BD と AS の交点を U とする．三角形 ABD は二等辺三角形で，Q, T は直線 AS に対して対称の位置にあるので，AT : TD = AQ : QB = 4 : 3 であり，BU = DU である．また三角形 PBC において PS は ∠BPC の 2 等分線であるから，BS : SC = PB : PC = 2 : 3.

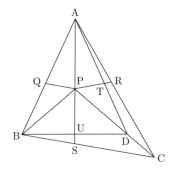

三角形 BCD と線分 PS についてメネラウスの定理(☞ 112 ページ)から，

$$PD : PC = DU \cdot BS : UB \cdot SC = 2 : 3.$$

三角形 ADC と線分 PR についてメネラウスの定理から，

$$AR : RC = AT \cdot PD : TD \cdot PC = \mathbf{8 : 9}.$$

56 ★★★★★ ──────────────(NMC 1994・問1)──

1辺の長さが1の正三角形 ABC の内部に点 O をとる．直線 AO と辺 BC の交点を A′，直線 BO と辺 CA の交点を B′，直線 CO と辺 AB の交点を C′ とする．このとき，$OA' + OB' + OC' \leqq 1$ が成り立つことを示せ．

証明　まず，

$$\frac{OA'}{AA'} + \frac{OB'}{BB'} + \frac{OC'}{CC'} = \frac{\triangle OBC}{\triangle ABC} + \frac{\triangle OCA}{\triangle ABC} + \frac{\triangle OAB}{\triangle ABC} = 1$$

である．また △ABC は1辺が1の正三角形であるので，AA′, BB′, CC′ はすべて1以下である．よって，

$$OA' + OB' + OC' \leqq 1 \times \left(\frac{OA'}{AA'} + \frac{OB'}{BB'} + \frac{OC'}{CC'} \right) = 1$$

となる．

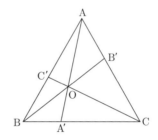

2.1.4　円周と多角形

57 ★★★★

四角形 ABCD は AD // BC であるような台形で，AB = CD，∠ABC = ∠DCB = 67.5° をみたす．線分 CD を直径とする円が，点 E で線分 AB に接し，点 F で線分 BC と交わるとする．このとき，BF : FC を求めよ．

解答　線分 CD の中点を M とおく．

△MFC は MF = MC の二等辺三角形で，∠DCB = 67.5° なので

$$\angle MFC = 67.5°, \quad \angle CMF = 45°$$

である．四角形 AEMD において，

$$\angle\mathrm{EAD} = \angle\mathrm{MDA} = 180^\circ - 67.5^\circ = 112.5^\circ$$

$$\angle\mathrm{AEM} = 90^\circ$$

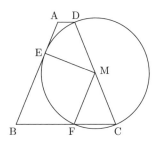

なので $\angle\mathrm{DME} = 45^\circ$ である．よって $\angle\mathrm{EMF} = 90^\circ$ であり，ME = MF なので $\triangle\mathrm{MEF}$ は直角二等辺三角形である．したがって

$$\angle\mathrm{BEF} = 45^\circ$$

$$\angle\mathrm{EFB} = \angle\mathrm{EBF} = 67.5^\circ$$

となり，$\triangle\mathrm{EFB} \backsim \triangle\mathrm{MFC}$ を得る．ゆえに，

$$\mathrm{BF} : \mathrm{FC} = \mathrm{EF} : \mathrm{MF} = \boldsymbol{\sqrt{2} : 1}$$

である．

---

58 ★★★

　円 O の周上に点 A がある．円 O の A における接線上に A とは異なる点 B をとり，B を通り円 O と 2 点 C,D でこの順に交わる直線を引く．$\angle\mathrm{ABC}$ の 2 等分線と線分 AC, AD との交点をそれぞれ P, Q とするとき，AP = AQ が成り立つことを示せ．

証明 接弦定理(☞ 117 ページ)より $\angle\mathrm{ADB} = \angle\mathrm{CAB}$ となる．よって，

$$\angle\mathrm{AQP} = \angle\mathrm{ADB} + \angle\mathrm{DBQ} = \angle\mathrm{CAB} + \angle\mathrm{ABQ} = \angle\mathrm{APQ}.$$

ゆえに，$\triangle\mathrm{APQ}$ は二等辺三角形であり，AP = AQ となる．

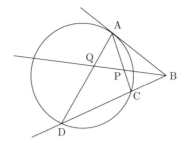

　△ABC がある．辺 BC の長さは 5 である．また，辺 BC 上に点 D があり，線分 BD の長さは 2 であり，∠BAD = 90° である．このような条件をみたす △ABC はいろいろ考えられるが，それらのうちで，∠ACB が最大の値をとるような三角形を選んだとき，その三角形の辺 AC の長さを求めよ．

　✐　A がどのような図形上を動くかを考えてみましょう．

解答　点 A は BD を直径とする円周上にあるので，図のように直線 CA がこの円に点 A で接するとき，∠ACB が最大になる．このとき接弦定理(☞ 117 ページ)

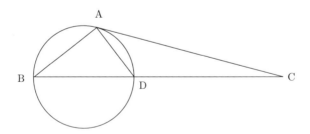

より，∠DAC = ∠DBA であるから，△ADC と △BAC は相似になり，

　　　AC : BC = DC : AC

が成立する．よって $AC^2 = BC \cdot DC = 5 \cdot 3 = 15$，これより $AC = \sqrt{15}$.

　正方形 ABCD の辺 AB, BC 上に点 M, N をとり，BM = BN となるよう

にする. 点 B から線分 MC に下ろした垂線の足を P とするとき, NP ⊥ PD であることを証明せよ.

証明 2直線 BP, AD の交点を Q とおく.

∠ABQ = ∠PBM (共通), ∠BAQ = 90° = ∠BPM より二角相等(☞ 106 ページ)で

$$\triangle ABQ \backsim \triangle PBM$$

なので AB : BQ = PB : BM となり, AB = CB, BM = BN より CB : BQ = PB : BN を得る. これと ∠CBQ = ∠PBN (共通) より二辺比夾角相等(☞ 106 ページ)で

$$\triangle CBQ \backsim \triangle PBN$$

である. よって, ∠BQC = ∠BNP となる.

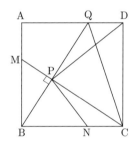

また, ∠QPC + ∠QDC = 90° + 90° = 180° より四角形 QPCD は円に内接(☞ 116 ページ)するので, 円周角の定理(☞ 114 ページ)より ∠PQC = ∠PDC である.

したがって ∠BQC = ∠PQC(共通) より ∠BNP = ∠PDC となり, 四角形 PNCD が円に内接することがわかる. よって

$$\angle NPD = 180° - \angle NCD = 180° - 90° = 90°$$

となり NP ⊥ PD を得る.

---

61 ★★ ──────────────────── (JJMO 2003・問 6)──

AB = AC = 5, BC = 6 であるような二等辺三角形 ABC の内部に点 D をとり, 線分 AD を直径とする円と辺 AB, AC との交点をそれぞれ E, F とす

る．DE = 1, DF = 2 が成立するとき，三角形 DBC の面積を求めよ．

解答　点 A から辺 BC に下ろした垂線の長さを h とおくと，

$$h = \sqrt{\text{AB}^2 - \left(\frac{\text{BC}}{2}\right)^2} = \sqrt{5^2 - 3^2} = 4$$

なので

$$\triangle \text{ABC} = \frac{1}{2} \cdot 6 \cdot 4 = 12$$

である．

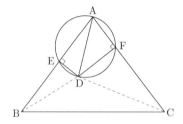

線分 AD は円 AEDF の直径なので，$\angle \text{AED} = \angle \text{AFD} = 90°$ である．よって，

$$\triangle \text{ABD} = \frac{1}{2} \cdot \text{AB} \cdot \text{DE} = \frac{1}{2} \cdot 5 \cdot 1 = \frac{5}{2}$$

$$\triangle \text{ACD} = \frac{1}{2} \cdot \text{AC} \cdot \text{DF} = \frac{1}{2} \cdot 5 \cdot 2 = 5$$

となる．

したがって，

$$\triangle \text{DBC} = \triangle \text{ABC} - \triangle \text{ABD} - \triangle \text{ACD} = 12 - \frac{5}{2} - 5 = \frac{\mathbf{9}}{\mathbf{2}}$$

となる．

62 ★★★

　1 辺の長さが 2 であるような正六角形 ABCDEF の内接円(☞ 108 ページ)を O とする．円 O と線分 DE の接点を P とし，PA, PB と円 O との交点をそれぞれ Q, R とする．$\triangle \text{PQR}$ の面積を求めよ．

[解答] 円 O と線分 AB の接点を S とする.

1辺の長さが 2 の正三角形の高さは $\sqrt{3}$ なので, 直線 AB, DE 間の距離は $2\sqrt{3}$ である. したがって, 三平方の定理(☞ 111 ページ)より

$$\text{AP} = \sqrt{\text{AS}^2 + \text{PS}^2} = \sqrt{1^2 + \left(2\sqrt{3}\right)^2} = \sqrt{13}$$

となる.

方べきの定理(☞ 116 ページ)より $\text{AP} \cdot \text{AQ} = \text{AS}^2$ なので $\sqrt{13} \cdot \text{AQ} = 1^2$ となり,

$$\text{AQ} = \frac{\sqrt{13}}{13}$$

を得る. よって $\text{AP} : \text{AQ} = \sqrt{13} : \dfrac{\sqrt{13}}{13} = 13 : 1$ となり, $\text{PQ} : \text{AP} = 12 : 13$ であることがわかる. ゆえに,

$$\triangle\text{PQR} = \left(\frac{\text{PQ}}{\text{AP}}\right)^2 \triangle\text{PAB} = \left(\frac{\text{PQ}}{\text{AP}}\right)^2 \times \frac{1}{2} \cdot \text{AB} \cdot \text{PS}$$

$$= \left(\frac{12}{13}\right)^2 \cdot \frac{1}{2} \cdot 2 \cdot 2\sqrt{3} = \frac{\mathbf{288}}{\mathbf{169}}\sqrt{\mathbf{3}}.$$

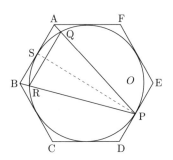

---

63 ★★ ──────────────────────── (JJMO 2005・問 8)──

三角形 ABC において $\angle\text{ABC} = 70°$, $\angle\text{ACB} = 50°$ である. $\angle\text{ABC}, \angle\text{ACB}$ の 2 等分線がそれぞれ辺 AC, AB と交わる点を D, E とするとき $\angle\text{AED}$ の大きさを求めよ.

$\angle\text{BAC} = 180° - (\angle\text{ABC} + \angle\text{ACB}) = 180° - (70° + 50°) = 60°.$

BD と CE の交点を I とすると，I は三角形 ABC の内心であるから ∠BAI ＝
∠CAI ＝ 30°．また ∠IBC ＝ $\frac{1}{2}$∠ABC ＝ 35°．∠ICB ＝ $\frac{1}{2}$∠ACB ＝ 25°．

よって ∠DIC ＝ ∠IBC ＋ ∠ICB ＝ 35° ＋ 25° ＝ 60°．

∠EAD ＝ ∠BAC ＝ 60° ＝ ∠DIC より，A, E, I, D は同一円周上にあるから
∠EDI ＝ ∠EAI ＝ 30°．

ゆえに ∠AED ＝ ∠EBD ＋ ∠EDB ＝ 35° ＋ 30° ＝ **65°**．

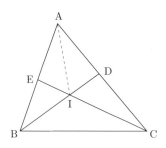

---

64 ★★★
　　　　　　　　　　　　　　　　　　　　　　　　　　　　　　(JJMO 2004・問 10)

　四角形 ABCD において，対角線 AC, BD が点 P で交わるとする．また，

　　　AB ＝ BP ＝ AD，　　　∠ABC ＝ ∠BDC，　　　∠BCD ＝ ∠CAD

が成立している．∠BCD を求めよ．

解答　AB ＝ BP より ∠BAP ＝ ∠BPA であり，∠BPA ＝ ∠DPC (対頂角) なの
で ∠BAP ＝ ∠DPC である．これと ∠ABC ＝ ∠BDC より

　　　∠ACB ＝ 180° － ∠ABC － ∠BAP ＝ 180° － ∠BDC － ∠DPC ＝ ∠ACD

であることがわかる．

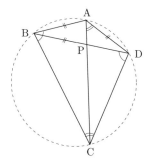

2つの三角形 ABC, ADC について，AB = AD，AC 共通，∠ACB = ∠ACD なので，∠ABC = ∠ADC または ∠ABC + ∠ADC = 180° であるが，

$$\angle ABC = \angle BDC < \angle ADC$$

なので ∠ABC + ∠ADC = 180° となり，四角形 ABCD が円に内接することがわかる (☞ 116 ページ).

∠ACB = ∠ACD = θ とおく．円周角の定理 (☞ 114 ページ) より

$$\angle ABP = \angle ACD = \theta, \quad \angle CBP = \angle CAD = \angle BCD = 2\theta$$

なので ∠ABC = ∠ABP + ∠CBP = 3θ となり，∠BDC = 3θ を得る．よって

$$180° = \angle CBP + \angle BCD + \angle BDC = 2\theta + 2\theta + 3\theta$$

となり，$\theta = \dfrac{180°}{7}$ であることがわかる．ゆえに ∠BCD = 2θ = $\dfrac{360°}{7}$ である．

2.2 空間図形

---
65 ★★★ ─────────────────────────(AIME 1984・問9)─

AB = 3 であるような四面体 ABCD があり，△ABC, △ABD をそれぞれ含む2平面のなす角は 30° で，△ABC, △ABD は面積がそれぞれ 15, 12 であるという．この四面体 ABCD の体積を求めよ．

✎ 四面体の体積は，底面積と高さがわかれば計算できますが，どの面を底面と見なすかを考えなければなりません．ここでは，面積のわかっている △ABC を底面と見なすことにしましょう．

解答 点 D から △ABC に下ろした垂線の足 (☞ 119 ページ) を H とし，点 D から直線 AB に下ろした垂線の足を K とする．このとき，∠DKH は △ABC, △ABD をそれぞれ含む2平面のなす角なので，∠DKH = 30° である．

DK ⊥ AB より $\dfrac{1}{2} \cdot AB \cdot DK = △ABD$ であり，AB = 3，△ABD = 12 なので DK = 8 である．

したがって，∠DKH = 30°，∠DHK = 90° より DH = $\dfrac{1}{2} \cdot DK = 4$ となり，四面体 ABCD の体積が

$$\frac{1}{3} \cdot \triangle \text{ABC} \cdot \text{DH} = \frac{1}{3} \cdot 15 \cdot 4 = \mathbf{20}$$

であることがわかる.

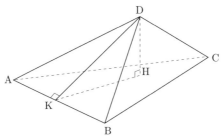

---

66 ★★

図のように1辺の長さが2の立方体があって,その向かい合う3組の面の真ん中を通るように,1辺の長さが1の正方形を底面とする3つの四角柱の形にくりぬいた.残った図形の体積を求めよ.

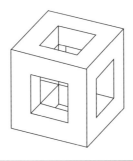

✑ くりぬかれた四角柱の交差する部分の形を考えてみましょう.

解答 3つの四角柱の体積すべてをもとの立方体の体積から引くと,3つの四角柱の交差する部分の立方体は3回引かれていて,本来の体積よりも2回だけ多く引かれているのだから,残った図形の体積は,その2回分を加えて,

(1辺の長さが2の立方体) + 2 × (1辺の長さが1の立方体)

$$- 3 \times (1辺1の正方形を底辺とする高さ2の四角柱)$$

$$= 8 + 2 \times 1 - 3 \times 2 = \mathbf{4}.$$

---

67 ★★

半径 5，中心角 288° の扇形(おうぎがた)を丸めて，円錐形(えんすい)のコップをつくった．この
コップの容積を求めよ．

解答 円錐の底面の半径を r とすると，底面の周の長さはもとの扇形の弧の長
さに等しいので，$2\pi r = 2\pi \times 5 \times \dfrac{288}{360}$．よって $r = 4$．円錐の軸を通る面で円錐
の断面を考えると，二等辺三角形となるので，三平方の定理 (☞ 111 ページ) より，
その高さ h は $h = \sqrt{5^2 - 4^2} = 3$．よって求める容積は $\dfrac{1}{3} \times \pi \times 4^2 \times 3 = \mathbf{16\pi}$.

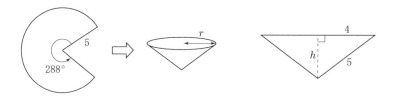

---

68 ★★ ──────────────── (AMC 2001・10 年生問 21)──

直円柱があって，その下の底面は直円錐の底面上にあり，さらに直円柱の
上の面の周は直円錐の側面上にある．直円柱の直径と高さは等しく，直円
錐の底面の円の直径は 10，高さは 12 である．直円柱の底面の円の半径を求
めよ．

解答 直円柱の底面の円の半径を r とすると，高さは $2r$ である．直円柱の軸を含
む平面と直円柱の上面との交点を A, B，直円錐の底面の交点を P, Q，直円錐の
頂点を O とすると，△OPQ と △OAB は相似である．よって，

$$(\triangle \text{OPQ の高さ}) : \text{PQ} = (\triangle \text{OAB の高さ}) : \text{AB}$$

となり，

$$12 : 10 = 12 - 2r : 2r$$

となる．ゆえに，$r = \dfrac{\mathbf{30}}{\mathbf{11}}$.

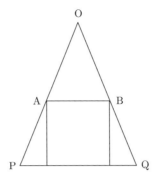

──────────（AMC 2001・12年生問15）──

69 ★★

　1辺の長さが1の正四面体の表面に昆虫が住んでいる．昆虫はある辺の中点から対辺の中点まで移動したいと考えている．そのような移動の最小距離を求めよ．

解答　1辺1の正四面体の展開図を描く．正四面体で向かい合う2辺の中点は，

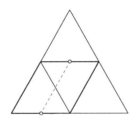

展開図では1辺1のひし形の向かい合う2辺の中点となる．この2点を結ぶ最短経路は直線であり，その長さは1である．展開図を組み立ててもこの長さは変わらないので，最小移動距離は **1**.

70 ★★★

　正四面体に内接する球 (☞119ページ) と外接する球 (☞119ページ) の体積比を求めよ．

解答 正四面体 T の各面の重心を結んで小正四面体 T' をつくると, 内接球は T' に外接する.

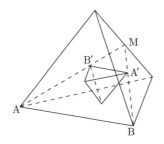 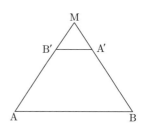

T の 1 辺 AB と向かい合う辺の中点 M を含む平面で切ると, 線分 MA, MB 上にそれぞれ T' の頂点 B′, A′ がある. T' の作り方から

$$MA : MB' = MB : MA' = 3 : 1$$

ゆえに AB : B′A′ $= 3 : 1$ となる. よって, T と T' の辺の長さの比は $3 : 1$ であり,

$$(内接球の体積) : (外接球の体積) = (T' の体積) : (T の体積)$$
$$= 1^3 : 3^3 = \mathbf{1 : 27}$$

となる.

---

71 ★★★★

四面体 ABCD の対辺どうしの長さが等しく, AB $=$ CD $= a$, AC $=$ BD $= b$, AD $=$ BC $= c$ のとき, この四面体の外接球 (☞ 119 ページ) の直径はいくらか.

解答 まず, 四面体 ABCD がある直方体の隣り合わない 4 つの頂点を結んだ図形になっていることを示す.

長さがそれぞれ

$$x = \sqrt{\frac{a^2 + c^2 - b^2}{2}}, \quad y = \sqrt{\frac{b^2 + a^2 - c^2}{2}}, \quad z = \sqrt{\frac{c^2 + b^2 - a^2}{2}}$$

の辺 4 本ずつ 3 組からなる直方体を考える. この直方体の各面の対角線を図のよ

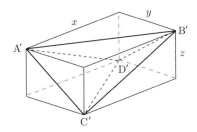

うに結び，点を図のように名付ける．すると，

$$A'B' = C'D' = \sqrt{x^2 + y^2} = a$$

$$A'C' = B'D' = \sqrt{y^2 + z^2} = b$$

$$A'D' = B'C' = \sqrt{z^2 + x^2} = c$$

が成り立つ．四面体は各面が三角形からなり，三角形は 3 辺の長さが定まれば一意に決まるので，四面体もすべての辺の長さが定まれば一意に決まる．四面体 ABCD と四面体 A'B'C'D' はすべての辺の長さがそれぞれ等しいので合同であり，四面体 ABCD も図の直方体の隣り合わない 4 つの頂点を結んだ図形になっている．求める外接円の直径は図の直方体の対角線の長さと等しいので，

$$\sqrt{x^2 + y^2 + z^2} = \sqrt{\dfrac{a^2 + b^2 + c^2}{2}}.$$

第**3**章

組合せ

3.1 場合の数

3.1.1 単純な数え上げ

数え上げの問題では，指定されたものを「もれなく」「重複なく」数え上げなくてはなりません．そのためには

- 場合分けをする，
- まず重複を無視して数え，後から重複して数えた分を引く，

などの工夫がしばしば有効です．

また，数え上げには順列，組合せなどの典型的なパターンがいくつかあります．これらについては知識編の 3.1 節を参照してください．

---

72 ★★

10 人を 3 人，3 人，4 人の 3 つの班に分ける．分け方は何通りあるか．

✎ まず 10 人の中から 3 人を選び，次に残りの 7 人から 3 人を選べば，3 人，3 人，4 人の 3 つの班に分けることができます．このような選び方は，組合せ(☞ 121 ページ)の考え方で数えることができます．

しかしそのままでは，1 つの班分けを，2 つの 3 人班のうちどちらを先に選び出すかによって違った 2 つの分け方として数えてしまいます．これを考慮して最後に重複を除く必要があります．

解答 10 人の中から 3 人を選ぶ選び方は $_{10}C_3$ 通り，次に残りの 7 人から 3 人を選ぶ選び方は $_7C_3$ 通り．

3人の班が2つあり，この入れ替えが2通りあるので，分け方は

$$\frac{{}_{10}\mathrm{C}_3 \cdot {}_7\mathrm{C}_3}{2} = \mathbf{2100}\,\text{通り}.$$

---

73 ★★

　20個のリンゴをA君，B君，C君の3人に分ける．ただし全員が少なくとも3つはもらえるようにする．分け方は何通りあるか．

✒ あらかじめ3人に3つずつ配ってしまいます．残りの11個はどのように配ってもかまいません．この配り方は重複組合せ(☞122ページ)ですね．

保答 まず，3人に3つずつ配り，残った11個を3人で分ければよい．このような分け方は ${}_{11}\mathrm{H}_3 = {}_{13}\mathrm{C}_{11} = \mathbf{78}\,\text{通り}.$

---

74 ★★★

　一列に並んだ8個のマスを赤4マス，白4マスに塗り分ける方法は何通りあるか．ただし，左右を反転して同じになる塗り方は1通りと見なす．

✒ まずは但し書きに反して，左右を反転して同じになる塗り方も別々の塗り方として数えましょう．これは組合せ(☞121ページ)の問題です．

　このように数えると，左右対称な塗り方については重複なく数えていますが，左右対称でない塗り方については2回ずつ重複して数えてしまっています．この重複を引きましょう．また，左右対称な塗り方を数えるには，左半分の塗り方だけを数えれば十分です．

保答　8マスを赤4マス，白4マスに塗り分ける方法は，左右反転を考えなければ ${}_8\mathrm{C}_4$ 通りである．

　このうち左右対称な塗り方は，左半分の4マスを赤2マス，白2マスに塗り分ける方法と一対一に対応する(下図)ので，${}_4\mathrm{C}_2$ 通りである．

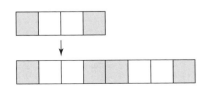

つまり，求める塗り方のうち，

- 左右対称な塗り方の個数は，重複なく数えて $_4\mathrm{C}_2$ 通りであり，
- 左右対称でない塗り方の個数は，2 回ずつ重複して数えて $_8\mathrm{C}_4 - {}_4\mathrm{C}_2$ 通りである.

したがって，求める塗り方は

$$\frac{{}_8\mathrm{C}_4 - {}_4\mathrm{C}_2}{2} + {}_4\mathrm{C}_2 = \mathbf{38\,通り}.$$

---

75 ★★★ ─────────────────────────(JMO 1996 予選・問 2)─

　白石 5 個と黒石 10 個を横一列に並べる. どの白石の右隣りにも必ず黒石が並んでいるような並べ方は何通りあるか.

✒ 　「白石の右隣りは黒石」と指定されているのだから，初めから白石とその右隣りの黒石をひとまとまりにして考えてしまいましょう. たとえば，

という並べ方は，

のように，5 つのまとまりと 5 つの黒石を並べたものと考えます.

$\boxed{\text{解答}}$ 　白石とその右隣りに置かれた黒石のまとまりを考える. 求める並べ方は，5 つのまとまりと 5 つの黒石を並べる組合せと同じなので，$_{10}\mathrm{C}_5 = \mathbf{252\,通り}$.

---

76 ★★★ ─────────────────────────(AMC 2001・12 年生問 14)─

(1) 平面上に正八角形 ABCDEFGH がある.
　　平面上の正三角形で，少なくとも 2 個の頂点がこの正八角形の頂点に含まれるようなものはいくつあるか.

(2) 正九角形 ABCDEFGHI について同じことを考えるといくつか.

✒ 　(1) 正八角形の頂点のうち 2 つを選ぶと，その 2 点を頂点にもつような正三角形がちょうど 2 つ描けます.

(2) 正九角形の場合は，3つの頂点がこの正九角形の頂点であるような正三角形が存在します．上と同じ方針で数えると，このような正三角形については重複して数えてしまうことになります．この重複を引きましょう．

解答　(1) 8頂点から2個を選ぶ方法は $_8C_2 = 28$ 通りある．2点を決めると，その2点を頂点にもつ正三角形は2つずつある．よって $28 \times 2 = \mathbf{56}$ 個の正三角形がある．

(2) 9頂点から2個を選ぶ方法は $_9C_2 = 36$ 通りある．2点を決めると，その2点を頂点にもつ正三角形は2つずつある．よって，のべ $36 \times 2 = 72$ 個の正三角形がある．

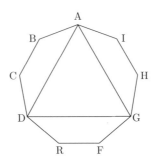

ところが，正三角形 ADG は，2点として A と D を選んだとき，D と G を選んだとき，G と A を選んだときの3回数えられている．同様に，正三角形 BEH と CFI もそれぞれ3回ずつ数えられている．これを差し引いて，求める個数は $72 - (3-1) \times 3 = \mathbf{66}$ 個である．

77 ★★★★　　　　　　　　　　　　　　　　　(JMO 1991 予選・問11)

2つの文字 A, B からなる15文字の文字列 (左から右に並んでいるとする) に対し，連続した2文字 (14ヵ所ある) を調べる．

たとえば，AABBAAAABAABBBB という文字列ならば，「AA」が5回，「AB」が3回，「BA」が2回，「BB」が4回現れる．

「AA」が5回，「AB」，「BA」，「BB」が各3回現れるような文字列は何通りあるか．

✍ 同じ文字が連続している部分はひとまとまりにして考えましょう. すると,「AB」や「BA」はこのまとまりの境目を表しています.

解答 「AB」「BA」が各 3 回現れることから, この文字列は

- $a_1 b_1 a_2 b_2 a_3 b_3 a_4$
- $b_1 a_1 b_2 a_2 b_3 a_3 b_4$

(ただし, a_1, a_2, a_3, a_4 は A が, b_1, b_2, b_3, b_4 は B が, それぞれ連続して 1 つ以上並んだもの) のいずれかの形をしている.

前者の場合, 各 a_1, b_1, $\cdots$, a_4 が何文字からなるかを決めれば文字列は完全に決定する. これは, 5 回の「AA」を 4 つの文字列 a_1, a_2, a_3, a_4 に分配し, 3 回の「BB」を 3 つの文字列 b_1, b_2, b_3 に分配するということである. そのような分配の仕方は ${}_4\mathrm{H}_5 \times {}_3\mathrm{H}_3 = {}_8\mathrm{C}_5 \times {}_5\mathrm{C}_3 = 56 \times 10 = 560$ 通りある.

後者の場合, 同様に ${}_3\mathrm{H}_5 \times {}_4\mathrm{H}_3 = 420$ 通り.

合わせて $560 + 420 = \mathbf{980}$ 通り.

---

78 ★★★★

ある会社では, 秘書が社長の机に書類を置き, 社長は暇なときにその書類に目を通して判を押す. 秘書は必ず書類の山の一番上に新しい書類を置き, 社長は必ず一番上にある書類から目を通す.

ある日, 書類の数は午前, 午後合わせて 9 通であり, 書類には机に置かれた順に 1 から 9 までの番号が付けられていた.

社長が午前中に書類 8 に判を押したことはわかっている.

このとき, 午後に判を押す書類の順番として考えられるのは何通りか.

解答 まず, 書類 1〜7 についてのみ考える. 昼休みの段階でいくつかの書類が番号順に机に置かれている. 午後, 社長は番号の大きい順に判を押していくことになる. すなわち, 午後に判を押す書類の組合せが決まれば順番も決まる. 書類 1〜7 から k 枚の書類を選ぶ選び方は ${}_7\mathrm{C}_k$ 通り. どの組合せも実現可能である. 実際, 午後に判を押す書類以外は, 机に置かれたらすぐに判を押してしまえばよい.

午後，1〜7の中から k 枚の書類に判を押したとする．書類9は，午後の1番目〜午後の $k+1$ 番目に判が押されるか，午後には押されないかの $k+2$ 通りが考えられる．

したがって，求める場合の数は，$(k+2)\,{}_7\mathrm{C}_k$ を $k = 0, \cdots, 7$ について加え合わせたものであり，

$$2\,{}_7\mathrm{C}_0 + 3\,{}_7\mathrm{C}_1 + 4\,{}_7\mathrm{C}_2 + 5\,{}_7\mathrm{C}_3 + 6\,{}_7\mathrm{C}_4 + 7\,{}_7\mathrm{C}_5 + 8\,{}_7\mathrm{C}_6 + 9\,{}_7\mathrm{C}_7$$

$$= \mathbf{704\,通り}.$$

3.1.2　漸化式の利用

漸化式(☞ 104 ページ)を使うと，場合の数が計算できることがあります．

---

79 ★★

　一歩で1段または2段を登れる人が，10段の階段を登る．何通りの登り方があるか．

✎　問題は「10 段を登る登り方」が問われていますが，漸化式を利用するために，10 段だけでなく一般に「n 段登る登り方は何通りであるか」を考えます．
　　漸化式を立てるにあたっては，初めの一歩で何段登ったかに注目しましょう．

解答　n 段の階段を登る登り方を f_n 通りとする．$f_1 = 1$, $f_2 = 2$ である．$n \geqq 3$ のとき，

● 初めの一歩が1段登りなら，残りの $n-1$ 段の登り方は f_{n-1} 通り．

● 初めの一歩が2段登りのとき，残りの $n-2$ 段の登り方は f_{n-2} 通り．

よって，

$$f_n = f_{n-1} + f_{n-2}.$$

順次計算していくと，

$$f_3 = 3, \quad f_4 = 5, \quad \cdots, \quad f_9 = 55, \quad f_{10} = 89$$

となるから，10 段の階段の登り方は **89 通り**.

80 ★★

一列に並んだ6個のマスを赤，白，黒のいずれかの色で塗り分ける．ただし赤いマスが連続してはいけないものとする．塗り分け方は何通りあるか．

解答 n 個のマスの塗り分け方の個数を f_n とする．$f_1 = 3$, $f_2 = 8$ である．以下 $n \geqq 3$ とし，n 個のマスの塗り分け方の個数 f_n について考える．

- 一番右のマスが白または黒の場合．残りの $n-1$ マスの塗り方は自由である．よって，このような塗り分け方は全部で $2f_{n-1}$ 通り．

- 一番右のマスが赤の場合．右から2番目のマスは白または黒で塗られていなくてはならず，残りの $n-2$ マスの塗り方は自由である．よって，この場合の塗り分け方は全部で $2f_{n-2}$ 通り．

よって，

$$f_n = 2f_{n-1} + 2f_{n-2}.$$

順次計算していくと，

$$f_3 = 22, \quad f_4 = 60, \quad f_5 = 164, \quad f_6 = 448$$

より，**448 通り**．

81 ★★★★

次の図形を一筆書きで描くとき，描き方は何通りあるか．

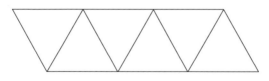

✎ 正三角形を n 個合わせた図形を一筆書きする描き方を f_n 通りとして漸化式を立てましょう．n が偶数の場合と奇数の場合で図形の形が少し異なりますが，漸化式にその影響はありません．

解答 一般に正三角形を n 個組み合わせた下図の図形を一筆書きで描くことを考える．A，X からは奇数本の辺が出ているので，一筆書き定理(☞ 127 ページ)より A，X が始，終点となる．

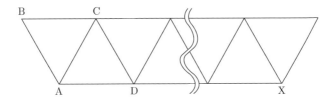

　Aが始点，Xが終点になる描き方の個数 f_n について漸化式を立てよう．もちろん，Xが始点，Aが終点になる描き方も f_n 通りである．

- 最初がA→Bのときは，辺ABと辺BCを除いてできる図形を，Cを始点，Xを終点として一筆書きする方法の個数に一致するので，f_{n-1} 通り．

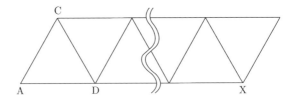

- 最初がA→Cのときは，辺ACを除いてできる図形を，Cを始点，Xを終点として一筆書きする方法の個数に一致するので，f_{n-1} 通り．

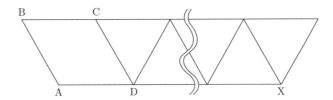

- 最初がA→Dのときは，辺 AB, BC, CA, AD を除いてできる図形を，Dを始点，Xを終点として一筆書きし，ただし頂点Cに来たときに△ABCを1周する方法の個数に一致する．△ABCを1周する方向が2通りあるので，

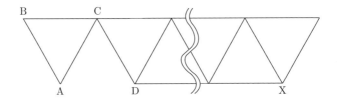

$2f_{n-2}$ 通り.

よって, 漸化式

$$f_n = 2(f_{n-1} + f_{n-2})$$

を得る. $f_1 = 2$, $f_2 = 6$ から順次計算して, 答は $f_6 = \textbf{328 通り}$.

3.1.3 確率

すべての根元事象が同様に確からしい(☞ 123 ページ)場合, ある事象が起こる確率は

$$\frac{(その事象が起こる場合の数)}{(全体の場合の数)}$$

という式で確率が計算できます.

---

82 ★★★

円卓の周りに 25 人が並んで座っている.

(1) この中から 2 人を選ぶとき, その 2 人が隣り合っている確率を求めよ.

(2) この中から 3 人を選ぶとき, 少なくとも 2 人が隣り合っている確率を求めよ.

解答 (1) 25 人から 2 人を選ぶ選び方は $_{25}C_2$ 通り. 隣り合った 2 人を選ぶには左側の人を決めればよいから, 25 人の中から隣り合った 2 人を選ぶ選び方は 25 通りである. よって, 求める確率は $\dfrac{25}{_{25}C_2} = \dfrac{\textbf{1}}{\textbf{12}}$.

(2) 25 人から 3 人を選ぶ選び方は $_{25}C_3$ 通り. 少なくとも 2 人が隣り合っているような選び方は, 以下の 2 通りに分類できる.

- 選んだ 3 人が連続していない場合. 隣り合った 2 人を選ぶ選び方は 25 通りある. 残りの 1 人を, この 2 人とその両隣を除いた 21 人から選ぶ. したがって, 3 人の選び方は $25 \times 21 = 525$ 通り.

- 選んだ 3 人が連続している場合. 連続した 3 人を選ぶには一番左側の人を決めればよいので, 25 通り.

合わせて $525 + 25 = 550$ 通りであるから, 求める確率は $\dfrac{550}{_{25}C_3} = \dfrac{\textbf{11}}{\textbf{46}}$.

─**83** ★─────────────────────────────────

　1から10までの数字が書かれた10枚のカードがある．このうち3枚を取り出したとき，最大のカードが7である確率を求めよ．

───────────────────────────────────────

✎ 最大が7であるように3枚を取り出すには，まず7を取り出して，残りの2枚を1〜6から取り出せばよいのです．

[解答] 10枚から3枚を選ぶ選び方は $_{10}C_3$ 通り．

　最大が7であるような3枚の選び方は，まず7を選んで，残りの2枚を6以下のカードから選べばよいので，$_6C_2$ 通り．

　したがって求める確率は $\dfrac{_6C_2}{_{10}C_3} = \dfrac{1}{8}$．

─**84** ★★★────────────────(JMO 1998 予選・問6)─

　8本の紐が平行に上下に並んでいる．無作為に，紐の上端を2本ずつ4組に結び，下端を2本ずつ4組に結ぶ．このとき，8本の紐が全部つながって1本の大きな輪になる確率を求めよ．

───────────────────────────────────────

[解答]　まず，紐の上端を2本ずつ4組に結ぶやり方を数える．8本の紐の中から適当に1本選ぶと，その紐と結ぶ相手の紐は7通り考えられる．1組目を結んだあと，残りの6本の中から適当に1本選ぶと，その紐と結ぶ相手の紐は5通り考えられる．以下同様にして，結び方は全部で $7 \cdot 5 \cdot 3 \cdot 1 = 105$ 通り．下端の結び方も同様に105通りである．

　次に8本の紐が全部つながって1本の大きな輪ができる結び方を数える．

　8本の紐のうち1本を適当に選び，紐1と呼ぶことにする．紐1の上端を結ぶ相手の紐は7通り考えられる．このうち1本を選び紐2と呼ぶことにする．

　紐1と紐2の上端を結んでから，紐2の下端を結ぶ相手を選ぶ．紐1を選ぶとこの時点で輪ができてしまうので，選び方は1, 2以外の6通り．このうち1本を選び紐3と呼ぶことにする．

　紐2と紐3の下端を結んでから，紐3の上端を結ぶ相手を選ぶ．1, 2の上端はすでに結ばれているので，選び方は1, 2, 3以外の5通り．

以下同様にして，結び方は $7!$ 通り．よって求める確率は $\dfrac{7!}{105^2} = \dfrac{16}{35}$.

ここからは，確率の問題特有の考え方を用いる問題を取り扱います．

---

85 ★★

1回振ると 70% の確率で表が出て，30% の確率で裏が出る硬貨がある．

(1) この硬貨を3回投げたとき，少なくとも1回表が出る確率を求めよ．

(2) この硬貨を5回投げたとき，少なくとも2回表が出る確率を求めよ．

✍ 与えられた事象の確率を直接求めるかわりに，余事象（☞ 124 ページ）の確率を求めましょう．3回投げて「少なくとも1回表が出る」という事象の余事象は「3回とも裏が出る」です．また，5回投げて「少なくとも2回表が出る」という事象の余事象は「裏が出る回数が1回以内」です．

解答 (1) 3回とも裏が出る確率は $0.3^3 = 0.027$. したがって，少なくとも1回表が出る確率は

$$1 - 0.027 = \textbf{0.973}.$$

(2) 5回とも裏が出る確率は 0.3^5. 1回表が出るような表裏の順番は5通り考えられ，いずれの場合も，そのような順番で裏表が出る確率は $0.3^4 \cdot 0.7$. したがって，少なくとも2回表が出る確率は

$$1 - 0.3^5 - 5 \cdot 0.3^4 \cdot 0.7 = \textbf{0.969\,22}.$$

---

86 ★★★ ──────────────── (AMC 2001・10 年生問 23)──

箱の中に3枚の赤いチップと2枚の白いチップがある．箱の中から無作為にチップを1枚取り出すという操作を，箱の中のチップが赤だけ，または白だけになるまで繰り返す．箱の中のチップが赤だけになる確率を求めよ．

✍ 問題文の設定では，操作がいつ終了するか不確定です．これが考えにくい要因となっています．操作が終了するまでに取り出したチップの色の並びを根元事象とすると，これは同様に確からしくありません．

　そこで，仮に箱の中が1色になっても，操作を途中で止めずに最後まで続けるとしてみましょう．

解答 箱の中が赤だけ，または白だけになっても操作を止めず，残り1枚になるまで操作を続けることを考える．

　最後の1枚が赤であれば，もとのルールでは箱の中が赤だけになって終わることになる．逆もまた成り立つ．

　最後の1枚が赤である確率は $\frac{3}{5}$ なので，求める確率は $\frac{3}{5}$ である．

87 ★★★

　トランプのダイヤのカード13枚をよく切ったあと，1枚ずつめくって，机の上に左から右に一列に並べていく．ただし，めくったカードが，そのとき右端にあるカードより小さいときは，めくったカードは捨てる．並べ終ったとき，7が机の上の列に残っている確率を求めよ．

　✍ 問題文の設定を整理しましょう．机の上に並べられたカードは，必ず右側に行くほど大きくなっています．特に，ある時点で右端にあるカードは，それまでにめくられたカードのうち最大のものです．

解答 どの時点でも，それまでにめくったカードのうち最大のものが右端にある．

　8以上のカードが7より先にめくられれば，7がめくられたとき右端にあるカードは8以上であり，7は捨てられる．

　逆に，8以上のカードがすべて7より後にめくられるならば，7がめくられた時点では右端にあるカードは6以下であり，7は捨てられない．

　したがって，7が机に残ることと，7以上のカード7枚のうち7が最初にめくられることは，同値である．このような確率は $\frac{1}{7}$．

88 ★★★

　コンピュータでは，情報はすべて 0, 1 の2つの数字で表されている．

　地上のコンピュータから月面のコンピュータへ電波で情報を送る．1つの数字について，正しく受信される確率は $\frac{2}{3}$ であり，間違って受信される（すなわち，0を送ったのに1が届いてしまうか，あるいは1を送ったのに0が届いてしまう）確率は $\frac{1}{3}$ である．

地上から月にまず「00」という数字列を送り，次に「11」という数字列を送る．月で受信した数字列を二進法(☞97ページ)で表された数と見なしたとき，先に受信した数が後に受信した数よりも小さくなる確率を求めよ．

✍ 「先に受信した数が後に受信した数よりも小さくなる」という条件を分析してから，和の法則(☞124ページ)や積の法則(☞124ページ)を使います．

解答 事象 X の確率を $P(X)$ で表すとする．

月で受信した2つの数字列を順に $x_1 x_2$ および $y_1 y_2$ とする．これを二進法で表された数と見なしたとき，先に受信した数が後に受信した数よりも小さくなるのは，$x_1 < y_1$ の場合と，$x_1 = y_1$ かつ $x_2 < y_2$ の場合である．したがって，和の法則(☞124ページ)と積の法則(☞124ページ)により，求める確率 p について

$$p = P(x_1 < y_1) + P(x_1 = y_1)P(x_2 < y_2)$$

を得る．ここで，

$$P(x_i < y_i) = P(x_i = 0)P(y_i = 1) = \frac{2}{3} \cdot \frac{2}{3} = \frac{4}{9}$$

$$P(x_i = y_i) = P(x_i = y_i = 0) + P(x_i = y_i = 1) = \frac{2}{3} \cdot \frac{1}{3} + \frac{1}{3} \cdot \frac{2}{3} = \frac{4}{9}$$

であるから，

$$p = \frac{4}{9} + \left(\frac{4}{9}\right)^2 = \frac{\mathbf{52}}{\mathbf{81}}.$$

3.2 グラフ

平面上の点と，それらを結ぶ辺の集合をグラフ(☞126ページ)といいます(この場合「1次関数のグラフ」などで用いる「グラフ」とは違う意味です)．辺に向きを付けた有向グラフ(☞126ページ)を考えることもあります．

89 ★★★

7人の人がいて，どの2人も，互いに知り合いであるか，知り合いでないかのどちらかである．どの人もちょうど3人と知り合いであることがあるか．

✍ 人を頂点で表し，2人が知り合いであるときに対応する2点を辺で結ぶようなグラフ
を考えましょう．すると問題は「頂点数が7で，どの頂点の次数（☞126ページ）も3
であるようなグラフが存在するか」と言い換えることができます．

解答 頂点数が7で，どの頂点の次数も3であるようなグラフが存在すると仮定
する．このグラフの辺の個数は $\dfrac{3 \times 7}{2}$ となるが，辺の数は整数であるはずなので
矛盾．したがって，このようなグラフは存在しない．よって，どの人もちょうど
3人と知り合いであることはない．

---

90 ★★★★

4組8人の夫婦があるパーティに出席した．出席者の1人であるA氏が
パーティ終了後，他の7人に，パーティで何人の人と握手したかを尋ねたと
ころ，すべての人が違う回数を答えたという．
　A氏の配偶者は何回の握手をしたか．
　ただし，どの人も自分の配偶者とは握手をしなかったとする．

✍ 参加者を点で表し，握手した人を辺で結んだグラフを考えましょう．問題文の条件を
もとに，グラフの形を決定することができます．

解答 自分の配偶者とは握手しないのだから，1人の参加者が握手した人数は6
人以下．7人がすべて違う回数を答えたのだから，0, 1, · · · , 6人と握手した人が
それぞれ1人ずついることがわかる．

6人と答えた人は，自分の配偶者以外のすべての人と握手している．0と答え
た人は誰とも握手していない．したがって，この2人はお互い配偶者である．グ
ラフの一部はこのようになっている．

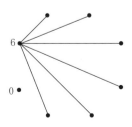

5人と答えた人は,自分の配偶者と,0と答えた人 (この2人が同一人物でないことに注意せよ) 以外のすべての人と握手している.1人と答えた人は,6人と答えた人以外とは握手していない.したがって,この2人はお互い配偶者である.グラフの一部はこのようになっている.

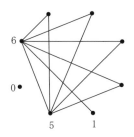

同様にして,4人と答えた人と2人と答えた人はお互い配偶者であることがわかり,グラフ全体がわかる.

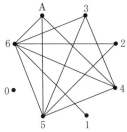

このグラフより,A氏の配偶者は6, 5, 4の**3人**と握手したことがわかる.

---

91 ★★★★

20人の人がいる.各人は自分を除いた19人のうち10人に手紙を出す.お互いに手紙を出し合う2人組が,少なくとも1組は存在することを示せ.

✍ 鳩の巣原理(☞128ページ)の考え方に似た着想を用います.

証明 お互いに手紙を出し合う2人組がないとする(☞87ページ).20人から2人を選ぶ選び方は $_{20}C_2 = 190$ 通りである.どの2人組も1通以下の手紙しか交わさないので,書かれた手紙の総数は190以下である.

一方，各人が 10 通ずつ手紙を書いていることより，書かれた手紙の総数は $10 \times 20 = 200$ である．

これは矛盾．すなわち，ある 2 人組はお互いに手紙を出している．

---

92 ★★★★

6 人からなる班がある．そのうちの 1 人が「幸運のメール」というメールを出した．

> このメールを受け取った人は，1 時間以内に，班員の誰かに同じ内容のメールを送ってください．ただし，すでに自分にこのメールを送ってくれた人や，すでに自分がこのメールを送った人には，送ってはいけません．

> メールを受け取ったある人が，送る相手がいなくなってしまうまで，最大何時間かかるか．

✎ 人を点で，メールを辺で表すと，この問題は「頂点が 6 個で一筆書き可能な単純グラフ（☞126 ページ）は，最大何本の辺をもつか」と言い換えられます．

解答 一筆書きの始点と終点以外の点を通る辺の数は偶数なので，4 本以下．したがって，辺の数は $\dfrac{4 \times 4 + 5 \times 2}{2} = 13$ 本以下．

実際，13 本の辺をもち一筆書き可能なグラフは存在する．

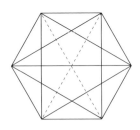

したがって，答は **12 時間**.

---

93 ★★★

6 個の相異なる点があり，それらが $_6C_2 = 15$ 本の辺で結ばれている．これらの辺はすべて赤または青で塗られている．このとき，6 点から 3 点を選んでできる三角形で，辺の色がすべて赤，またはすべて青であるものが，少なくとも 1 つ存在することを示せ．

✍ まず 1 つの頂点に注目しましょう．

証明 頂点を 1 つとり A とする．A から出る 5 本の辺のうち，3 本以上が赤いか，もしくは 3 本以上が青い．そこで，3 本の辺 AB, AC, AD が赤いとしよう (青の場合も以下と同様に示せる)．

BC, CD, DB のうち少なくとも 1 本が赤ければ，三角形 ABC, ACD, ADB のうち少なくとも 1 つは辺がすべて赤い．しからずんば BCD は辺がすべて青い．したがって，題意は示された．

3.3 組合せ幾何

ここでは，組合せの要素を含んだ図形の問題をとりあげます．

---

94 ★★★

平面上に 10 本の直線があり，これらの直線は互いに平行でなく，3 本以上の直線が 1 点で交わることはない．このとき，これらの直線の交点はいくつあるか．

✍ どうすれば数え上げの知識を使えるかを考えましょう．

解答 10 本の直線のうち 2 本の直線を選べば，その 2 直線の交点がただ 1 つ定まる．よって交点は 10 本の直線から 2 本を選ぶ組合せ(☞ 121 ページ)と同じ個数だけあり，$_{10}C_2 = \mathbf{45}$ 個である．

95 ★★★★

　円周上に 10 個の点があり，それらを結ぶ $_{10}C_2 = 45$ 本の直線を引く．これらの直線は互いに平行でなく，初めの 10 個の点以外では 3 本以上の直線が 1 点で交わることはない．円の内部にこれらの直線の交点はいくつあるか．

解答　10 点のうち 4 個の異なる点を選ぶと，4 点を互いに結ぶ直線によってできる交点のうち，円の内部にあるものがちょうど 1 つ存在する．よって，頂点の個数は 10 点の中から 4 点を選ぶ選び方に等しく，$_{10}C_4 = \mathbf{210}$ **個**となる．

96 ★★★★

　平面上に 10 本の直線がある．これらの直線は互いに平行でなく，3 本以上の直線が 1 点で交わることはない．平面はこの 10 本の直線によっていくつの区画に分けられるか．

✎　漸化式（☞ 104 ページ）をどのように作るかがポイントです．

解答　直線を n 本引いたときに平面が a_n 個の区画に分けられるとする．n 本の直線によって平面が a_n 個の区画に分けられている状態から，$n+1$ 本目の直線を

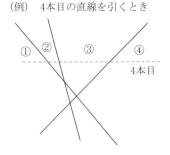

（例）　4本目の直線を引くとき

引くことを考える．この直線は a_n 個の区画のうち $n+1$ 個を通り，通った区画をそれぞれ 2 つずつに分ける．よってこの直線は区画を $n+1$ 個増やすことになるので，$a_{n+1} = a_n + n + 1$ となる．この漸化式と $a_0 = 1$ より順次，$a_1 = 2$, $a_2 = 4$, $a_3 = 7$, $a_4 = 11$, $a_5 = 16$, $a_6 = 22$, $a_7 = 29$, $a_8 = 37$, $a_9 = 46$, $a_{10} = 56$ がわかる．よって **56 個**．

97 ★★

(1) 1×1 の正方形のマスを縦に 7 個，横に 10 個並べた長方形 ABCD があ る．対角線 AC はいくつのマスを通るか．

(2) 縦に 8 個，横に 10 個並べた長方形ではどうか．

解答　(1) 対角線 AC は，AB に平行な線分を 9 本，AD に平行な線分を 6 本横 切る．これらの線分を横切るたびに異なるマスを通るので，

$$6 + 9 + 1 = \mathbf{16} \text{ 個}$$

のマスを通る．

(2) 対角線 AC は，AB に平行な線分を 9 本，AD に平行な線分を 7 本横切り， また，長方形の中心 O ではマスの頂点を通る．これらの線分を横切るたび に異なるマスを通り，点 O では同時に 2 本の線分を横切っていることから，

$$7 + 9 - 1 + 1 = \mathbf{16} \text{ 個}$$

のマスを通る．

(1)

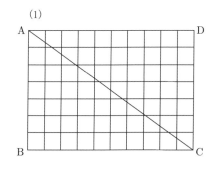

(2)

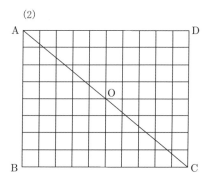

98 ★★★ ────────(北京市数学コンテスト 1984)──

　平面上に 10 個の点があり，どの 2 点間の距離も 1 以上である．ちょうど 1 離れた 2 点は 30 対以下であることを示せ．

✍　複数の点を一度に扱うのは難しいので，各点ごとに考えます．

証明 ある点 A に注目する．A とちょうど1離れた点を反時計回りに B_1, B_2, $\cdots$, B_k とする．どの2点の距離も1以上だから，各 $i = 1, \cdots, k-1$ に対して $\angle B_i A B_{i+1} \geqq 60°$ となり，

$$k \leqq \frac{360°}{60°} = 6.$$

すなわち，どの点に対しても，そこからの距離がちょうど1である点は6個を超えない．したがってそのような点対は合わせて $\frac{1}{2}(6 \times 10) = 30$ 対以下である．

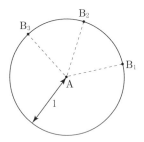

99 ★★★

10×10 に規則正しく植えられた100本の木がある．何本か切り倒し，どの切り株の位置に立っても他の切り株が見えないようにしたい．最大で何本の木を切り倒すことができるか．ただし，切り株が見えないとは，その手前に切り倒されていない木がある場合をいう．

✍ 最大値を求める問題では，「その数より大きくできないこと」と「その数にすることができること」の2つを別々に示したほうがよい場合がよくあります．

この問題では「25本より多く切り倒せないこと」と「25本切り倒せること」の2つを示します．

解答 図のように100本の木を4本ずつ，25個の組に分ける．すると，1つの組の中から2本以上の木を切り倒すことはできないから，切り倒すことのできる本数は25本以下である．また，切り倒す木として図で丸を付けた25本を選ぶと，条件をみたす．よって，切り倒すことのできる木は最大で**25本**である．

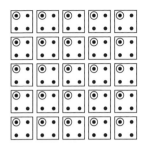

100★★

　平面上に5つの格子点をとる．これらの点のうちある2点を選ぶと，そ
れらの中点は格子点であることを示せ．

✍ 鳩の巣原理(☞ 128 ページ)を使います．

証明　格子点の x 座標と y 座標の偶奇の組合せは，

$$(x, y) = (偶, 偶), (偶, 奇), (奇, 偶), (奇, 奇)$$

の4通りである．すると鳩の巣原理より，5つの格子点をとると，両座標とも偶
奇が等しいある2点が存在する．この2点の中点は格子点となる．

101★★

　一辺の長さが1の正三角形の内部または周上に5個の点をとる．このと
き，ある2点間の距離は $\frac{1}{2}$ 以下であることを示せ．

✍ 鳩の巣原理(☞ 128 ページ)を使います．点をどのようなグループに分ければよいで
しょうか．

証明

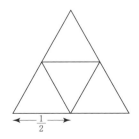

$\xleftarrow{\hspace{0.5em}} \frac{1}{2} \xrightarrow{\hspace{0.5em}}$

図のように正三角形を4つの部分に分けると，鳩の巣原理より，いずれかの三角形は2つ以上の点を含む．その2点間の距離は $\frac{1}{2}$ 以下である．

3.4　アルゴリズム

決められた操作を繰り返し加えていく状況を扱う問題です．

---

102 ★★★

(1) 16枚のコインがある．そのうちの15枚は同じ重さであり，残りの1枚だけは他のコインよりも重いことがわかっている．天秤を4回以下しか使わずに，他よりも重いコインを取り出すにはどのようにすればよいか．

(2) コインが81枚のときはどのようにすればよいか．

✍ まずは試行錯誤して考えてみましょう．

解答　(1) まず，16枚のコインを8枚ずつに分け，それらの重さを比べる．すると，重い方の8枚に他よりも重いコインは含まれている．次に，この8枚のコインを4枚ずつに分け，それらの重さを比べる．すると，重い方の4枚に重いコインは含まれている．次に，4枚のコインを2枚ずつに分け，それらの重さを比べる．すると，重い方の2枚に重いコインは含まれている．最後に2枚のコインの重さを比べ，重い方のコインを取り出せばよい．以上のように，4回の操作で取り出すことができる．

(2) まず，81枚のコインを27枚ずつ3つのグループに分け，2つのグループの重さを比べる．すると重いコインは，天秤がつりあわなかった場合には重い方の27枚に含まれていて，天秤がつりあった場合には残りの27枚に含まれている．同様に，重いコインを含む27枚のコインを9枚ずつ3つのグループに分け，2つのグループの重さを比べることにより，重いコインを含む9枚のコインがわかる．次に，9枚のコインを3枚ずつ3つのグループに分け，2つのグループの重さを比べることにより，重いコインを含む3枚のコインがわかる．最後に，3枚のコインのうちの2枚のコインの重さを比べること

により，重いコインがわかる．以上のように，4回の操作で取り出すことができる．

---

103 ★★★★

2種類の異なる重さのコインが各4枚ずつ，計8枚のコインがある．天秤を2回以下しか使わずに，重さが異なる2枚のコインを取り出すにはどのようにすればよいか．

解答 まず4枚ずつのコインを天秤の両側にのせる．

- つりあった場合．片側の4枚を取り除き，2回目に2枚ずつ取り出して重さを比べる．つりあったならば片側から2枚のコインを取り出し，つりあわなかったら両側から1枚ずつのコインを取り出せば題意をみたす．

- つりあわなかった場合．重い方の4枚のコインを2枚ずつに分けて重さを比べる．この2枚ずつの重さが等しいときにはこの4枚がすべて重いコインであるから，はじめに4枚ずつに分けた，両側から1枚ずつ取り出せば題意をみたす．この2枚ずつの重さが異なるとき，重い方の2枚は両方が重いコインであり，軽い方の2枚は2種類のコインが1枚ずつであるから，軽い方の2枚を取り出せば題意をみたす．

---

104 ★★★★

$1, 2, \cdots, 100$ の番号のついた100個の箱があり，それぞれの箱に番号と同じ数の石が入っている．1回の操作で，この中のいくつかの箱を選び，それらすべてから同じ数の石を取り出すことができるものとする．すべての箱を空にするのに最低何回の操作をすればよいか．

✒ 二進法(☞ 97ページ)で表してみるとうまくいきます．

解答 7回の操作ですべての石を取り出すことができる．なぜなら，以下のようにすればよいからである．1回目には，箱の番号を二進法で表したときに 2^0 の位が1となる箱を選び，石を $2^0 = 1$ 個取り出す．2回目には，箱の番号を二進法で表したときに 2^1 の位が1となる箱を選び，石を $2^1 = 2$ 個取り出す．以下同

様に続けていき，7 回目には，箱の番号を二進法で表したときに 2^7 の位が 1 となる箱を選び，石を $2^7 = 128$ 個取り出す．

　また，6 回の操作ではすべての石を取り出すことができない．なぜなら，各操作ごとにある箱を選ぶかどうかは 2 通りの場合があるから，6 回の操作では取り出せる石の個数は $2^6 = 64$ 個しかない．しかし，入っている石の個数は 100 個で，これよりも多いからである．

　よって，最低 **7 回** の操作をすればよい．

3.5　その他

105 ★★

　下右図のマス目を，下左図の 1×2 の長方形で敷きつめることができないことを示せ．ただし，長方形は回転させて使ってもよいが，互いに重なったり，マス目からはみ出したりしてはいけないものとする．

✎ マス目を市松模様（☞ 129 ページ）に塗りわけるとうまくいきます．

証明

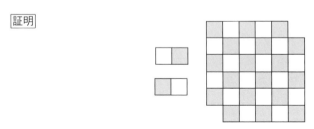

　図のようにマス目を市松模様に塗り分けると，右の図形は黒マスの方が白マスよりも 2 つ多い．しかし，1 つの長方形は必ず黒マスと白マスを 1 つずつ含む．

よって右の図形を長方形で敷きつめることはできない.

---

106 ★★★★

10 × 10 のマス目を下の T 字型の図形 S で敷きつめることができないことを示せ. ただし, 図形 S は回転させて使ってもよいが, 互いに重なったり, 正方形からはみ出したりしてはいけないものとする.

図形 S

✍ 前問の応用です.

証明 図形を市松模様(☞ 129 ページ)に塗り分ける. すると, 黒マスと白マスが同じ個数だけなくてはならないので, 図形 S を偶数個使って敷きつめねばならない. しかし, 図形 S は

$$(10 \times 10) \div 4 = 25 \text{ 個}$$

使われるから, 敷きつめることはできない.

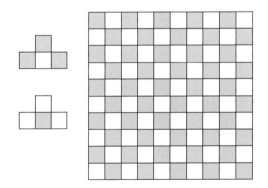

---

107 ★★★★

図のように碁盤の目状の道があり, 2 つの道が出会う点を交差点と呼ぶ. 各行, 各列に 1 台ずつ, 合計 9 台のバスを走らせる. それぞれのバスは同じ速さで走り, 1 つの行または 1 つの列を往復しつづける. 初めはどのバス

もいずれかの交差点に置くものとする．どの 2 台も往復の間にどこかの交差点で出会うことがないようにすることが可能か．不可能であれば証明し，可能であればどのようなときか示せ．

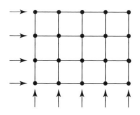

✐　まずは，できるのかできないのかを判断しなくてはなりません．この問題も市松模様（☞ 129 ページ）を使うとうまくいきます．

解答　可能である．図のように各交差点を市松模様に塗り分け，横方向に走るバスは黒い交差点から，縦方向に走るバスは白い交差点から出発させる．すると，横方向に走るバスと縦方向に走るバスは，同じ色の交差点にいることはない．よって，このときどの 2 台も往復の間にどこかの交差点で出会うことがない．

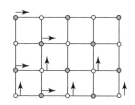

108 ★★★★
────────────────────────────（北京市数学コンテスト 1985）──

　線分 AB 上に 2n 個の点があり，それらの点の配置は AB の中点 M に関して対称になっている．2n 個の点のうち n 個を赤に，残りの n 個を青に塗る．このとき赤い点と点 A との距離の合計は，青い点と点 B との距離の合計と等しいことを示せ．

証明　赤い点がすべて AM 上にあり，青い点がすべて BM 上にあるときを考えると，対称性より，赤い点と点 A との距離の合計は，青い点と点 B との距離の合計と等しい．ここで，赤い点と青い点を一組入れ替えても，この 2 つの距離の

合計は等しいままである. なぜなら, 赤い点 P と青い点 Q を入れ替えるとき, 赤い点と点 A との距離の合計は AQ − AP = PQ だけ増え, 青い点と点 B との距離の合計は BP − BQ = PQ だけ増えるからである. また, どのような塗り方も, 初めの状態から AM 上の赤い点と BM 上の青い点を何度か入れ替えることによってできる状態である. よって 2 つの距離の合計は, 赤い点, 青い点の選び方によらず等しい.

別証　線分 AM 上にある点を $P_1, P_2, \cdots, P_n$ とし, 各点と M に関して対称な点を $Q_1, Q_2, \cdots, Q_n$ とする. P_i と Q_i の組をどの色で塗るかを以下のように場合分けする.

- P_i と Q_i を異なる色で塗る場合. $AP_i = BQ_i$, $AQ_i = BP_i$ であるから, この 2 点において, 赤い点と点 A との距離は青い点と点 B との距離に等しい.

- P_i も Q_i も赤で塗る場合. $AP_i + AQ_i = BQ_i + AQ_i = AB$ より, この 2 点において, 赤い点と点 A との距離の合計は AB となる.

- P_i も Q_i も青で塗る場合. $BP_i + BQ_i = BP_i + AP_i = AB$ より, この 2 点において, 青い点と点 B との距離の合計は AB となる.

赤い点と青い点は同数あるので, 上の 2 つ目の場合と 3 つ目の場合は同じ数だけあり, 赤い点と点 A との距離の合計は, 青い点と点 B との距離の合計と等しい.

---

109 ★★★★ ─────────────────── (AIME 1983・問 13)─

$\{1, 2, 3, 4, 5, 6, 7\}$ の部分集合(☞85 ページ)$A = \{a_1, \cdots, a_k\}$ $(a_1 < \cdots < a_k)$ に対し,

$$S(A) = a_k - a_{k-1} + a_{k-2} - \cdots \pm a_1$$

とする. ただし, $S(\{\ \}) = 0$ とする. たとえば, $A = \{1, 2, 4, 6, 7\}$ のとき $S(A) = 7 - 6 + 4 - 2 + 1 = 4$ である. このとき, ありうるすべての A についての $S(A)$ の和を求めよ.

✎ ＋と − が交互になっていることがどのように影響してくるでしょうか.

解答　集合 $\{1, 2, 3, 4, 5, 6\}$ の部分集合 $B = \{a_1, \cdots, a_k\}$ に対して，B に 7 を元(☞85 ページ)として加えた集合 $\{a_1, \cdots, a_k, 7\}$ を $B \cup \{7\}$ で表す．すると $\{1, 2, 3, 4, 5, 6, 7\}$ の部分集合全体を，B と $B \cup 7$ の対に重なりなく分けることができる．このとき $\{1, 2, 3, 4, 5, 6\}$ の任意の部分集合 B に対して，

$$S(B) + S(B \cup \{7\})$$
$$= (a_k - a_{k-1} + a_{k-2} - \cdots \pm a_1) + (7 - a_k + a_{k-1} - a_{k-2} + \cdots \mp a_1)$$
$$= 7$$

となる．たとえば，

$$S(\{2, 4, 6\}) + S(\{2, 4, 6, 7\}) = (6 - 4 + 2) + (7 - 6 + 4 - 2) = 7$$

である．すべての A についての $S(A)$ の和は，すべての B についての $S(B) + S(B \cup \{7\})$ の和である．B としてありうる集合は $2^6 = 64$ 個あるから，求める値は $7 \cdot 64 = \mathbf{448}$ となる．

知識編

第 **0** 章

数学のことば

0.1　数の世界

　数の概念は人類の歴史とともに拡大してきた．初めに使われた最も素朴な数は，ものの個数を数えるということと，順番を表すという 1, 2, 3, 4, ··· という数であったにちがいない．これらの数を**自然数**とよぶ (0 を含めて，0, 1, 2, 3, 4,··· を自然数とよぶこともある)．自然数全体の集合を $\mathbb{N}$ で表す．

　自然数のもつ基数の概念から，自然数どうしの足し算 (加法) なる演算 + が定義され，さらに掛け算 (乗法) × も定義され，これらの演算に関して閉じている．すなわち 2 つの自然数 m, n の和 $m + n$ と積 $m \times n$ は再び自然数となる．

　しかし，$\mathbb{N}$ は加法の逆演算である引き算 (減法) − に関しては閉じていない．減法に関しても閉じるように自然数を拡張して新しい数の体系を構成したものが**整数**であり，整数全体を $\mathbb{Z}$ で表す：

$$\mathbb{Z} = \{\cdots, -4, -3, -2, -1, 0, 1, 2, 3, 4, \cdots\}$$

　$\mathbb{Z}$ は加法・減法・乗法に関して閉じているが，乗法の逆演算である割り算 (除法) ÷ に関しては閉じていない．そこで，0 で割ることを除いて，除法も可能となるように数の体系を構成したものが**有理数**であり，2 つの整数の比 $\dfrac{m}{n}$ $(n \neq 0)$ で表せるものである．ただし，2 つの有理数 $x = \dfrac{m}{n}$, $y = \dfrac{a}{b}$ $(b \neq 0)$ は，$na = mb$ が成り立つときに相等しい $(x = y)$ と定める．$m = \dfrac{m}{1}$ と見なして，整数は有理数であり，有理数全体を $\mathbb{Q}$ で表す．有理数の四則演算は次のようにする：

$$\frac{m_1}{n_1} \pm \frac{m_2}{n_2} = \frac{m_1 n_2}{n_1 n_2} \pm \frac{n_1 m_2}{n_1 n_2} = \frac{m_1 n_2 \pm n_1 m_2}{n_1 n_2},$$

$$\frac{m_1}{n_1} \times \frac{m_2}{n_2} = \frac{m_1 m_2}{n_1 n_2},$$

$$\frac{m_1}{n_1} \div \frac{m_2}{n_2} = \frac{m_1}{n_1} \times \frac{n_2}{m_2} = \frac{m_1 n_2}{n_1 m_2} \quad (m_2 \neq 0).$$

整数には次のような大小関係がある：

$$\cdots < -4 < -3 < -2 < -1 < 0 < 1 < 2 < 3 < 4 < \cdots$$

有理数どうしの大小は，必要ならば分母・分子に -1 を掛けて分母を正にした後で，分母を通分して分子の大小を比べることで定まる：$n > 0,\, b > 0$ のとき，

$$\frac{m}{n} < \frac{a}{b} \quad \Longleftrightarrow \quad \frac{mb}{nb} < \frac{na}{nb} \quad \Longleftrightarrow \quad mb < na.$$

2つの有理数 x, y について $x < y$ ならば，$x < \dfrac{x+y}{2} < y$ で，しかも $z = \dfrac{x+y}{2}$ は有理数であるから，x と y の間には第3の有理数 z が存在する．同様にして，x と z の間にも，z と y の間にも有理数が存在するから，この議論を繰り返すことによって，x と y の間には無限に多くの有理数が存在することがわかる．つまり，数直線上には有理数がぎっしりと詰まっている．これは整数にはない，有理数の重要な特徴である．

ところが数直線上には，有理数でない数も存在する．等式

$$x^2 = a$$

をみたす x を a の**平方根**といい，そのうちの正のものを $\sqrt{a}$ で表す．たとえば，$\sqrt{2}$ は面積2の正方形の1辺の長さなのだから，確かに数直線上に存在するはずだが，有理数ではないことが知られている（☞87ページ）．このような数も含めて，数直線上の点として表される数を**実数**といい，実数全体を $\mathbb{R}$ で表す．有理数でない実数を**無理数**という．

まとめると，数の世界は，自然数から順に整数，有理数，実数へと拡がっていくものとして捉えることができる．

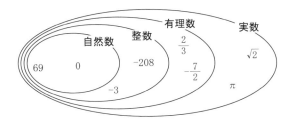

■絶対値，平方根

　実数 $x \in \mathbb{R}$ に対し，数直線上の原点 0 から x までの距離を x の**絶対値**といい，$|x|$ で表す．すなわち，

$$|x| = \left\{ \begin{array}{ll} x & \text{if } x \geq 0 \\ -x & \text{if } x < 0 \end{array} \right.$$

である．たとえば，$|2| = 2$，$\left| -\dfrac{9}{2} \right| = \dfrac{9}{2}$ である．

例題 1　どんな実数 x に対しても $\sqrt{x^2} = x$ が成り立つといえるか．

解答　いえない．たとえば $\sqrt{(-3)^2} = \sqrt{9} = 3$ であり，これは -3 に等しくない．$\sqrt{x^2}$ は「正」の平方根を表すことに注意する．$\sqrt{x^2} = |x|$ なら正しい．

■床記号・天井記号

　実数 x に対して，x 以下の最大の整数 n，すなわち $n \leq x < n+1$ をみたすような n はただ 1 つ存在する．このような n を x の整数部分とか**床**といい，$n = \lfloor x \rfloor$ または $n = [x]$ と表す．$[*]$ は**ガウス記号**とよばれ，日本ではよく使う記号である．一方，$\lfloor * \rfloor$ は**床記号**とよばれ，次の記号との対で数学オリンピックではよく使われる．

　また，x 以上の最小の整数 n，すなわち $n-1 < x \leq n$ をみたすような n もただ 1 つ存在する．このような n を x の**天井**といい，$\lceil x \rceil$ で表す．$\lceil * \rceil$ は**天井記号**とよばれる．

　x が整数であれば $\lceil x \rceil = \lfloor x \rfloor$，$\lfloor x \rfloor + \lfloor -x \rfloor = 0$ であり，x が整数でなければ $\lceil x \rceil = \lfloor x \rfloor + 1$，$\lfloor x \rfloor + \lfloor -x \rfloor = -1$ である．

0.2 論理

■命題と条件

文章や数式などによって表された事柄で，正しいか正しくないかが明確に定まるものを**命題**という．命題が正しいとき，その命題は**真**であるといい，命題が正しくないとき，その命題は**偽**であるという．

たとえば，「3 は 1 より大きい」は真の命題であり，「$2 + 1 = 4$」は偽の命題である．また，「先生は数学が好きだ」は正しいか正しくないかが明確に定まらないので命題ではない．これは「先生」が具体的に指定されれば命題となるし，先生の指定の仕方によって真偽が変わる．一般に，x という文字を含んだ主張 $P(x)$ があって，x に具体的な事物を当てはめられて真偽が定まるとき，$P(x)$ を**命題関数**といい，x を**変数**という．ただし，変数 x は，すべてのものを対象にすることはなく，適当な範囲 (対象領域という) が指定されていることが多い．

たとえば，$P(x)$：「$x \geq 2$」があるとしよう．このとき，対象領域は $\mathbb{R}$ と考えるのが自然で，x が 2 以上ならこの命題関数は真になり，x が 2 未満ならばこの命題関数は偽となる．数学で取り扱う命題関数は，多くの場合，ある文字や集合 (☞ 85 ページ)，図形などを含み，その変数などにより真偽が定まる．そこで $P(x)$ を**条件**とか**性質**という．そして，$P(x)$ が真となるような変数 x は条件あるいは性質を**みたす**といい，偽となるような変数は条件あるいは性質を**みたさない**という．

■「かつ」「または」「でない」「ならば」

ちょうど 2 つの数を足したり掛けたりして新しい数を得ることを演算というように，いくつかの命題を結合して新しい命題を作る操作を**論理演算**という．2 つの命題 P, Q の基本的な結合として，次の 4 つがある：

(1) P かつ Q：P と Q の**論理積**とよばれ，論理記号では $P \wedge Q$ で表す．P, Q の両方が真のときに真となる命題である．

(2) P または Q：P と Q の**論理和**とよばれ，論理記号では $P \vee Q$ で表す．P, Q の少なくとも一方が真のときに真となる命題である．

注意 日常会話で用いられる「または」とは違って，「P または Q」は P と Q が

ともに真であるときも真である.

(3) P でない：P の否定とよばれ，論理記号では $\neg P$ で表す．P が真ならば $\neg P$ は偽，P が偽ならば $\neg P$ は真である．また，$\neg(\neg P) = P$ である.

(4) P ならば Q：「もし P が成立するならば，そのときは Q も成立する」ことを表す命題で，論理記号では $P \Rightarrow Q$ で表す.

数学で取り扱う命題の多くはこの (4) の形で述べられる．このとき，P を**仮定**，Q を**結論**という．このようなかたちの命題が真のとき，P を Q の**十分条件**，Q を P の**必要条件**という．命題 $P \Rightarrow Q$ と $Q \Rightarrow P$ がともに真であるとき，P は Q の**必要十分条件**であるとか，P と Q は**同値**であるといい，$P \Leftrightarrow Q$ と書く.

例題 2　次の命題の真偽を答えよ.

　　　実数 x が $x^2 + 1 < 0$ をみたすならば，$x = 3$ である.

解答　真である．なぜならば，任意の実数 x について $x^2 > 0$ になることから，$x^2 + 1 < 0$ となるような実数 x は存在しない．よって，命題「$x^2 + 1 < 0$」は常に偽であるからである.

■ 「任意」と「存在」

実数 x に関する命題関数 $P(x)$：「x^2 は 0 以上の実数である」を考える．これは x が「どんな実数であっても」成立する．このことを，

(1) **任意**の実数 x に対しても x^2 は 0 以上の実数である

のように表す．また，整数 n に関する命題関数 $Q(n)$：「$n^2 = n$」は，すべての整数 n について成立するわけではないが，$n = 1$ については成立する．このことを

(2) $n^2 = n$ をみたす整数 n が**存在**する

のように表す.

数学で現れる命題では，「任意の……」と「……が存在する」という言葉を含むことが多い．複雑な命題を扱うときには，「任意」と「存在」を注意して使い分けることが重要になる．なお，日本語の流れで，任意のに代わって「すべての」，「どんな」も同じ意味で用いられる．ところで，上の (1), (2) の否定は次のようになる：

¬(1)　x^2 が 0 未満となる実数 x が存在する

¬(2)　任意の整数 n について $n^2 \neq n$ である

0.3　集合と関数

■集合

「整数全体」や「平面上の三角形全体」のように，数学ではある性質をみたす
ものの集まりを考えると便利なことが多い．このようなものの集まりを**集合**とい
う．集合 S に属する個々の対象を S の**要素**または**元**という．x が集合 S の要素
であることを $x \in S$ または $S \ni x$ で示す．

集合の表示は 2 つある．その 1 つは，集合の要素を中括弧 { } の中に書き並べ
る方法で，

$$\{1,\ 2,\ 3,\ 4,\ 6,\ 12\}$$

のように表す．この方法を用いるのは，有限個の要素を含む集合の場合が多い
が，すでに整数全体 $\mathbb{Z}$ で用いたように，無限の場合にも用いることがある．

もう 1 つは，命題関数 $P(x)$ を用いる方法で，$P(x)$ が真であるような要素 x
の全体からなる集合を

$$\{x \mid P(x)\} \quad \text{あるいは} \quad \{x : P(x)\}$$

と表すものである．たとえば，最初に挙げた集合は

$$\{x \mid x \text{ は } 12 \text{ の約数} \}$$

のように表すことができる．

要素を 1 つも含まない集合も考える．これを**空集合**といい，記号 $\emptyset$ で表す．

集合 A のすべての要素が B の要素でもあるとき，集合 A を集合 B の**部分集
合**であるといい，$A \subset B$ または $B \supset A$ で表す．$A \subset B$ でかつ $A \supset B$ であると
き，集合 A, B は**相等**しいといい，$A = B$ で表す．

この定義からもわかるように，{ } を用いて集合を表す際に，要素の並べる順
番を変えても，同一の要素を重複して書いても，同じ集合を表す．

$$\{1,\ 2,\ 3,\ 4,\ 6,\ 12\} = \{1,\ 3,\ 12,\ 4,\ 6,\ 2\} = \{1,\ 1,\ 2,\ 2,\ 2,\ 3,\ 4,\ 6,\ 12\}$$

数学で集合を扱う際には，考察の対象を指定している場合がほとんどである．

集合の表し方で命題関数を用いる場合，変数 x の対象領域を**普遍集合**という．普遍集合 $\mathcal{U}$ の部分集合 A, B について，A と B の要素を合わせてできる集合を A と B の**和集合**といい，$A \cup B$ で表す．また，A と B とに共通に属する要素の集合を A と B の**共通集合**といい，$A \cap B$ で表す：

$$A \cup B = \{x \mid x \in A \vee x \in B\}, \quad A \cap B = \{x \mid x \in A \wedge x \in B\}$$

普遍集合は明示されていない場合が多いが，問題から容易に予想される．また，複雑な問題では普遍集合を確認することで題意が明確になることもある．

■関数

集合 X と Y について，X の各要素を Y のある要素に対応させる規則 f を X から Y への**関数**または**写像**といい，$f : X \to Y$ で表す．このとき，X のある要素が Y の 2 つ以上の要素に対応していたり，Y の要素に対応していない X の要素があったりしてはならない．X を f の**定義域**，Y を f の**終域**という．

関数 $f : X \to Y$ によって要素 $x \in X$ が要素 $y \in Y$ に対応することを $f(x) = y$ と書く．$f(X) = \{f(x) \mid x \in X\} \subset Y$ を f の**値域**という．

たとえば，関数 $f : \mathbb{R} \to \mathbb{R}$ を $f(x) = x^2$ で定めると，$f(2) = 2^2 = 4$，$f(3) = 3^2 = 9$，$f(-3) = (-3)^2 = 9$ などとなり，f の値域は 0 以上の実数全体である．

0.4　論証

数学の命題は「$P \Rightarrow Q$」のかたちで述べられ，しかも真であるものが圧倒的に多く，「真であることを証明せよ」というかたちで問題が与えられる．仮定 P と「そのレベルで当然認められる数学的知見」から論理上の規則だけに従って結論 Q を導き出す証明法を演繹法という．仮定と「使用する数学的知見」を明確にして，そこから結論を導くことが求められる．

中学校までの数学では，ほとんど証明をしないので，きちんと証明を書き上げるのは大変であるが，最初は考察の順に従って，ていねいに書いてみるのがよい．

■対偶

命題「$P \Rightarrow Q$」に対して，命題「$\neg Q \Rightarrow \neg P$」をその命題の**対偶**という．たとえば，「$x^2 = 2$ ならば x は無理数である」の対偶は，「x が有理数ならば $x^2 \neq 2$」である．ある命題が真であることと，その対偶が真であることは同値である．したがって，ある命題を証明するにはその対偶を証明すればよい．

例題 3 実数 a, b に対して，$a^2 + b^2 = 0$ ならば，$a = 0$ かつ $b = 0$ であることを証明せよ．

[証明] 証明すべき命題の対偶は「実数 a, b に対して，$a \neq 0$ または $b \neq 0$ ならば，$a^2 + b^2 \neq 0$ である」となる．この対偶を証明する．

$a \neq 0$ のとき，$a^2 > 0, b^2 \geq 0$ だから，$a^2 + b^2 > 0$

$b \neq 0$ のとき，$a^2 \geq 0, b^2 > 0$ だから，$a^2 + b^2 > 0$

つまり，いずれの場合も，$a^2 + b^2 \neq 0$ が成り立つ．

よって，実数 a, b に対して，$a \neq 0$ または $b \neq 0$ ならば，$a^2 + b^2 \neq 0$ である．

■背理法

どのような命題 P についても，P またはその否定 $\neg P$ のどちらか一方は必ず真であることを**排中律**という．数学は基本的に排中律のもとで構成されている．

排中律のもとでは，ある命題 P を証明するのに，その否定命題 $\neg P$ から矛盾を導くことができれば，P が証明されたことになる．このような証明法を**背理法**という．背理法は古代ギリシャの時代から用いられてきたが，現代数学でも存在定理の証明などにおいて不可欠な論法である．

例題 4 $\sqrt{2}$ は有理数でないことを示せ．

[証明] 背理法で示す．$\sqrt{2}$ が有理数であると仮定すると，互いに素な整数 m, n を用いて，$\sqrt{2} = \dfrac{m}{n}$ と表せる．両辺を 2 乗して，整理すると，

$$2n^2 = m^2$$

となる．このとき，m^2 は 2 の倍数だから m も 2 の倍数であり，ある整数 k を用いて $m = 2k$ と書ける．すると，

$$n^2 = 2k^2$$

となる．n^2 は 2 の倍数だから n も 2 の倍数である．これは m, n が互いに素であることに矛盾する．よって，題意は示された．

■**数学的帰納法**

　自然数 n を含む命題 $P(n)$ が与えられたとき，すべての n について $P(n)$ が真であることを証明するには，

　(1)　$P(1)$ は真である，

　(2)　$n \geq 2$ のとき，$1 \leq k \leq n-1$ をみたす任意の自然数 k について $P(k)$ が真ならば，$P(n)$ も真である

の 2 つを示せばよい．

　このような証明法を**数学的帰納法**という．これは自然数全体 $\mathbb{N}$ のもつ最も重要な性質である整列性「任意の部分集合は最小値をもつ」に拠るもので，数学オリンピックで取り上げられる問題の中には，数学的帰納法を使って証明するもの，あるいは数学的帰納法を使わなければうまく証明できないものがかなり含まれる．

例題 5　$a_1 = a_2 = 1,\ a_n = a_{n-1} + a_{n-2}\quad (n \geq 3)$
により定義される数列 $\{a_n\}$ について，n が 3 の倍数ならば a_n は偶数であり，n が 3 の倍数でなければ a_n は奇数であることを示せ．

[解答]　(1)　$n = 3k$ の場合：

　$k = 1$ のとき，$a_3 = 2$ であるから，確かに偶数である．

　$k \geq 1$ のとき成り立つと仮定すると，

$$a_{3k+3} = a_{3k+2} + a_{3k+1} = 2a_{3k+1} + a_{3k}$$

となり，これは偶数であるから，$k+1$ のときも成り立つ．

　(2)　$n = 3k + 1$ の場合：

　$k = 1$ のとき，$a_4 = 3$ であるから，確かに奇数である．

　$k \geq 1$ のとき成り立つと仮定すると，

$$a_{3k+4} = a_{3k+3} + a_{3k+2} = 2a_{3k+2} + a_{3k+1} = 3a_{3k+1} + a_{3k}$$

となる．帰納法の仮定と (1) より，a_{3k+1} は奇数，a_{3k} は偶数であるから，$k+1$

のときも成り立つ.

(3) $n = 3k + 2$ の場合, (2) と同様であるから, 省略する.

第 **1** 章

整数・代数

1.1 整数

■約数と倍数

整数の範囲で割り算をする際には，次の定理が基本になる：

─ 除法の定理 ─

$a, b \in \mathbb{Z}, \quad b > 0$ に対して，
$$a = bq + r, \quad 0 \le r < b$$
をみたすような $q, r \in \mathbb{Z}$ がただ一組だけ存在する．

q を，a を b で割ったときの**商**，r を**余り**という．この定理から，$b < 0$ の場合にも，$q, r \in \mathbb{Z}$ が一組だけ存在して，
$$a = qb + r, \quad 0 \le r < |b|$$
をみたすことが容易にわかる．ここで，$r = 0$ のとき，つまり $a = qb, q \in \mathbb{Z}$ が成り立つとき，b は a を**割り切る**，または a は b で**割り切れる**といい，$b \mid a$ と表す．さらにまた，b は a の**約数**または**因数**，a は b の**倍数**であるともいう．

注意 1 と a 自身は a の約数である．約数というときには負の数を含める場合と，負の数を除く場合があり，問題ごとに都合のよい方に解釈する．

整数 a, b の共通の約数を**公約数**という．正の公約数のうち最大のものを**最大公約数**といい，$\mathrm{GCD}\,(a, b), \gcd\,(a, b)$ または単に (a, b) などと書く．たとえば，12

と 18 の公約数は ± 1, ± 2, ± 3, ± 6 なので，GCD $(12, 18) = 6$ となる．任意の公約数は最大公約数の約数となっている．

a と b の最大公約数が 1 であるとき，a と b は**互いに素**であるという．次の性質は整数の問題を解決する際に，しばしば決定的な役割を果たす：

> a, b, $c \in \mathbb{Z}$,　$ab \neq 0$ のとき，
> $$\mathrm{GCD}\,(a, b) = 1 \implies \mathrm{GCD}\,(a, bc) = \mathrm{GCD}\,(a, c).$$
> $$\mathrm{GCD}\,(a, b) = 1,\quad a \mid bc \implies a \mid c.$$

整数 a, b, $ab \neq 0$ の共通の倍数を**公倍数**という．正の公倍数のうち最小のものを**最小公倍数**といい，LCM (a, b) または lcm (a, b) と書く．積 ab やその絶対値 $|ab|$ は a と b の公倍数であり，定義から，0 も公倍数である．たとえば，12 と 18 の公倍数は ± 36, ± 72, ± 108, $\cdots$ など無数に存在するが，最小公倍数は 36 である．任意の公倍数は最小公倍数の倍数となっている．

a, $b \in \mathbb{Z}$, $ab \neq 0$ について，a', $b' \in \mathbb{Z}$ が存在して，
$$a = a'\mathrm{GCD}\,(a, b),\quad b = b'\mathrm{GCD}\,(a, b),\quad \mathrm{GCD}\,(a', b') = 1$$
と書けるから，LCM $(a, b) = |a'b'|\mathrm{GCD}\,(a, b)$ である．よって，次が成り立つ：

> a, $b \in \mathbb{Z}$,　$ab \neq 0$ について，
> $$|ab| = \mathrm{GCD}\,(a, b)\,\mathrm{LCM}\,(a, b).$$

■ユークリッドの互除法

2 つの整数の最大公約数を簡単に求める方法として有名なものに，ユークリッドの互除法がある．a, b を正の整数とし，$a > b$ とすると，除法の定理より，
$$a = bq + r_1,\quad 0 \leq r_1 < b$$
と書ける．このとき，$r_1 = 0$ ならば GCD $(a, b) = b$ である．$1 \leq r_1$ とすると，
$$\mathrm{GCD}\,(a, b) = \mathrm{GCD}\,(b, r)$$

が成り立つ. なぜなら, a と b の任意の公約数 d について, $r_1 = a - bq$ は d の倍数どうしの差であるから d で割り切れ, 同様に a は b と r_1 の任意の公約数で割り切れるからである.

ここで, b を r_1 で割った余りを r_2, r_1 を r_2 で割った余りを r_3, $\cdots$ とすれば,

$$a > b > r_1 > r_2 > r_3 > \cdots,$$

$$\mathrm{GCD}\,(a,\,b) = \mathrm{GCD}\,(b,\,r_1) = \mathrm{GCD}\,(r_1,\,r_2) = \mathrm{GCD}\,(r_2,\,r_3) = \cdots$$

となる. 有限回この操作を繰り返せば余りが 0 となり, 任意の正整数 r に対して $\mathrm{GCD}\,(r,\,0) = r$ であるから, この操作によって $\mathrm{GCD}\,(a,\,b)$ が求められる.

例題 6　871 と 793 の最大公約数を求めよ.

|解答|　$871 = 1 \cdot 793 + 78$,　$793 = 10 \cdot 78 + 13$,　$78 = 6 \cdot 13$ より,

$$(871,\,793) = (793,\,78) = (78,\,13) = (13,\,0) = 13.$$

■素数

正の整数 p が**素数**であるとは, $p > 1$ であって, 1 と p 以外に正の約数をもたない場合をいう. つまり, p が $1 < d < p$ なる約数をもたない場合である. 1 でも素数でもない正の整数を**合成数**という.

素数を小さい順に並べると,

$$2, 3, 5, 7, 11, 13, 17, 19, 23, 29, 31, 37, 41, 47,$$

$$53, 59, 61, 67, 71, 73, 79, 83, 89, 97, 101, \cdots$$

となる. 2 だけが偶数で残りはすべて奇数であり, **奇素数**とよばれる.

次の事実は素数の重要な性質である：

---

p を素数とし, $a, b \in \mathbb{Z}$ とすると次が成り立つ：

$$p \mid ab \implies p \mid a \quad \text{または} \quad p \mid b$$

この性質は素数に特有なものである. たとえば, $3 \cdot 4 = 12$ は合成数である 6 で割り切れるが, 3 も 4 も 6 では割り切れない.

整数 a の因数で素数のものを a の**素因数**という．整数を素因数の積として表すことを**素因数分解**という．たとえば，360 を素因数分解すると

$$360 = 2^3 \cdot 3^2 \cdot 5$$

となる．実は次が知られている．

━━━━━━━━━━━素因数分解の一意性━━

1 以外の自然数は有限個の素因数の積として表される：

$a \in \mathbb{N}$, $a \neq 1$ に対し，有限個の素数 $p_1, p_2, \cdots, p_m$ と有限個の自然数 $e_1, e_2, \cdots, e_m$ が存在し，

$$a = p_1^{e_1} p_2^{e_2} \cdots p_m^{e_m}$$

と表せる．しかも，この表し方は素因数の順序を除いて，一意的である．

自然数 a が $a = p_1^{e_1} p_2^{e_2} \cdots p_m^{e_m}$ と素因数分解されているとき，a の約数 b は

$$b = p_1^{f_1} p_2^{f_2} \cdots p_m^{f_m}, \quad 0 \leq f_i \leq e_i \ (i = 1, 2, \cdots, m)$$

と表せる（$p_i^0 = 1$ に注意）．ここで，各 f_i は $0, 1, 2, \cdots, e_i$ の $e_i + 1$ 通りの値をとることができるので，a の正の約数の個数は

$$(e_1 + 1)(e_2 + 1) \cdots (e_m + 1)$$

である．また，a の正の約数の総和を $f(a)$ とすると，

$$f(a) = \prod_{i=1}^{m} (1 + p_i + p_i^2 + \cdots + p_i^{e_i}) = \prod_{i=1}^{m} \frac{p_i^{e_i+1} - 1}{p_i - 1}$$

である．

ところで，与えられた整数を素因数分解するには，小さな素数から順に素因数であるか否かを確かめていけばよいのだが，ときには次が便利である：

(1) 自然数 n が 2 で割り切れる $\iff$ n の 1 桁目が 2 で割り切れる．

(2) 自然数 n が 5 で割り切れる $\iff$ n の 1 桁目が 5 または 0．

(3) 自然数 n が 10 で割り切れる $\iff$ n の 1 桁目が 0．

(4) 自然数 n が 4 で割り切れる $\iff$ n の下 2 桁が 4 で割り切れる．

(5) 自然数 n が 3 で割り切れる $\iff$ n の各桁の数字の和が 3 で割り切れる．

(6)　自然数 n が9で割り切れる $\iff$ n の各桁の数字の和が9で割り切れる.

例題7　GCD$(336, 450)$,　LCM$(336, 450)$ を求めよ.

解答　$336, 450$ を素因数分解すると,

$$336 = 2^4 \cdot 3^1 \cdot 7^1, \quad 450 = 2^1 \cdot 3^2 \cdot 5^2$$

と素因数分解できるから, 次のように計算される:

$$\text{GCD}\,(336, 450) = 2^1 \cdot 3^1 = 6, \quad \text{LCM}\,(336, 450) = 2^4 \cdot 3^2 \cdot 5^2 \cdot 7 = 25200$$

つまり, GCD は共通因数の指数の小さい方を, LCM は共通因数の指数の大きい方と共通ではないすべての因数を選んで積をつくるとよい. 3つ以上の整数の最大公約数や最小公倍数を求める際にも素因数分解を用いるのが有効である. またこの方法や考え方はより高度な問題を解決する際に有効なことが多い.

■合同式

整数の割り算の余りを考えるときに便利な概念として**合同式**がある.

$a, b, m \in \mathbb{Z}$ について, $a - b$ が m の倍数であるとき, a と b は m を**法**として**合同**であるといい,

$$a \equiv b \pmod{m}$$

で表す. これは, a と b を m で割ったとき, 余りを $0 \le r < |m|$ なる範囲にしたときの, 余りが等しい場合であり, $a - b \equiv 0$ と同値である. たとえば,

$$8 \equiv 3 \pmod 5, \quad 6 \equiv 11 \pmod 5, \quad -3 \equiv 2 \pmod 5$$

などとなる. 合同式には次のような性質がある:

合同式の計算法則

(1)　$a \equiv b, \ c \equiv d \pmod{m}$
　　　　$\implies a + c \equiv b + d \pmod{m}, \quad ac \equiv bd \pmod{m}$

(2)　$ca \equiv cb \pmod{m}, \quad (c, m) = 1 \implies a \equiv b \pmod{m}$

(3)　$a \equiv b \pmod{m}, \quad d \mid m \implies a \equiv b \pmod{d}$

(4)　$ad \equiv bd \pmod{md}, \quad d \ne 0 \iff a \equiv b \pmod{m}$

上の (1), (2) は，和・差・積の演算において合同式の $\equiv$ を普通の等号 $=$ のように計算してよいことの保証であり，(3) と (4) は法 m を減じるための法則である.

例題 8　$x \equiv y \pmod{m}$ のとき，次が成り立つ：

(1)　任意の $n \in \mathbb{N}$ について，$x^n \equiv y^n \pmod{m}$.

(2)　任意の $a_0, a_1, \cdots, a_n$ について，

$$a_n x^n + a_{n-1} x^{n-1} + \cdots + a_1 x + a_0 \equiv a_n y^n + a_{n-1} y^{n-1} + \cdots + a_1 y + a_0 \pmod{m}.$$

証明　合同式の計算法則を反復して用いればよい.

フェルマーの小定理

p を素数とすると，任意の整数 a について次が成り立つ：

(1)　$a^p \equiv a \pmod{p}$.

(2)　特に，$\mathrm{GCD}\,(p, a) = 1$ ならば，$a^{p-1} \equiv 1 \pmod{p}$.

ジュニア数学オリンピックでは，フェルマーの小定理を直接使う問題はないが，使えると便利である．$\mathrm{GCD}\,(p, a) \neq 1$ の場合，(1) $\Rightarrow$ (2) が成立しない．一般に，$ca \equiv cb \pmod{m} \Rightarrow a \equiv b \pmod{m}$ は成立しない.

例題 9　5^{2005} を 7 で割った余りを求めよ.

解答　$\mathrm{GCD}\,(7, 5) = 1$ だから，フェルマーの小定理より，$5^6 \equiv 1 \pmod{7}$．よって，

$$5^{2005} = (5^6)^{334} \cdot 5 \equiv 1 \cdot 5 = 5 \pmod{7}.$$

つまり，余りは 5 である.

■不定方程式の整数解

未知数 x, y の 1 次方程式

$$ax + by = c \qquad (*)$$

は，xy-平面上では直線で表され，その直線上の点がすべて解となる不定方程式であるが，$a, b, c \in \mathbb{Z}$ とし，この整数解を求める問題を考えるとき，この方程式を **Diophantine 方程式**という．$(*)$ が整数解をもつとすると，$(*)$ の左辺は常に

最大公約数 GCD (a, b) の倍数となるので，c は GCD (a, b) の倍数でなければならない (必要条件)．実は，これは十分条件でもある．

ディオファントスの方程式

　整数係数の方程式 $ax + by = c$ が整数解 (x_0, y_0) をもつには，c が a, b の最大公約数 GCD (a, b) の倍数であることが必要十分条件である．

　特に，a と b が互いに素ならば，この方程式は必ず整数解 (x_0, y_0) をもつ．

　具体的な方程式で，その整数解の求め方を考察しながら，この事実を確かめる．

例題 10　方程式 $57x + 84y = 3$ の整数解を求めよ．

解答　57 と 84 にユークリッドの互除法を用いると，

$$84 = 1 \cdot 57 + 27, \quad 57 = 2 \cdot 27 + 3$$

となるから，これを逆にたどると，

$$3 = 57 - 2 \cdot 27 = 57 - 2 \cdot (84 - 1 \cdot 57) = -2 \cdot 84 + 3 \cdot 57.$$

　これより，$(x_0, y_0) = (3, -2)$ が 1 つの解となる．

　次に，すべての整数解を求めてみる．

$$57x + 84y = 3, \quad 57 \cdot 3 + 84 \cdot (-2) = 3$$

を辺々引いて，

$$57(x - 3) = -84(y + 2)$$

を得る．これより，$x - 3 = -28t, y + 2 = 19t \ (t \in \mathbb{Z})$ とおけるので，与えられた方程式の整数解は，次のようになる：

$$(x, y) = (3 - 28t, -2 + 19t), \quad t \in \mathbb{Z}$$

注意　方程式 $ax + by = c$ において，c が GCD $(a, b) = d$ の倍数のとき，$a' = \dfrac{a}{d}$, $b' = \dfrac{b}{d}$, $c' = \dfrac{c}{d}$ とすると，方程式 $a'x + b'y = c'$ の整数解はもとの方程式の整数解と一致する．したがって，この $a'x + b'y = c'$ を解く方が楽である．

■位取り記数法

整数 A が

$$A = a_m n^m + a_{m-1} n^{m-1} + \cdots + a_1 n + a_0 \quad (0 \le a_i \le n-1)$$

と表されたとき,「A を n 進法で表すと $a_m a_{m-1} \cdots a_1 a_0$ である」という. 特別に指定しないかぎり, ふだん数を表すときに使っているのは十進法である.

たとえば, 四進法で 123 と書かれる数は, $1 \times 4^2 + 2 \times 4^1 + 3$ という数, つまり十進法で書くと 27 を表している. 何進法で書かれているのかを区別するため, $123_{(4)} = 27_{(10)}$ のように表記することもある. たとえば, 次のように表すことができる:

$$11010_{(2)} = 1 \times 2^4 + 1 \times 2^3 + 0 \times 2^2 + 1 \times 2^1 + 0 = 26_{(10)},$$

$$321_{(4)} = 3 \times 4^2 + 2 \times 4^1 + 1 = 57_{(10)}.$$

例題 11 $100_{(10)}$ を二進法で表せ.

解答 $100 = 1 \cdot 2^6 + 1 \cdot 2^5 + 0 \cdot 2^4 + 0 \cdot 2^3 + 1 \cdot 2^2 + 0 \cdot 2^1 + 0 \cdot 2^0$
と表されるから, $100_{(10)} = 1100100_{(2)}$ となる.

一般に, 十進法表示の数 A の n 進法表示 $a_m a_{m-1} \cdots a_2 a_1 a_0$ は次のような手順で求めることができる:

A を n で割った商を q_0, 余りを a_0 とする.

q_0 を n で割った商を q_1, 余りを a_1 とする.

q_1 を n で割った商を q_2, 余りを a_2 とする.

　　　　　…………

これを商が 0 となるまで繰り返す.

先の例題の場合は,

100 を 2 で割った商が 50, 余りが 0,

50 を 2 で割った商が 25, 余りが 0,

25 を 2 で割った商が 12, 余りが 1,

12 を 2 で割った商が 6, 余りが 0,

6 を 2 で割った商が 3, 余りが 0,

　　　　3 を 2 で割った商が 1，余りが 1，

　　　　1 を 2 で割った商が 0，余りが 1

となることから，$100_{(10)} = 1100100_{(2)}$ となることがわかる．

1.2　式

■多項式

　いくつかの数と文字の積で表された式を**単項式**という．たとえば，

$$2x^2 = 2 \times x \times x, \quad -5x = (-5) \times x, \quad 2ax^3 = 2 \times a \times x \times x \times x$$

は単項式である．1 つの文字，たとえば x に着目した場合，これを x についての
単項式という．このとき，x 以外の文字は数と同じものと考えて，そのような文
字や数のことを**定数**という．また，掛け合わせた x の個数をその単項式の**次数**と
いい，定数の部分を**係数**という．たとえば，$2x, -5x^3, 4$ は，それぞれ，x につ
いて，1 次，3 次，0 次の単項式で，その係数は，$2, -5, 4$ である．

　いくつかの単項式の和でのかたちで与えられる式を**多項式**といい，それを構成
する各単項式を**項**という．単項式は項数が 1 の多項式である．足し算の順番のみ
が異なる多項式は同一視する．多項式の次数は，その各項の次数のうちで最高の
ものと定める．

　多項式どうしの和は，それぞれの項を形式的に加えることで定義する．たと
えば，

$$(3x^3 - 2x^2 - 5) + (3 - 5x - 2x^3) = 3x^3 - 2x^2 - 5 + 3 - 5x - 2x^3$$
$$= x^3 - 2x^2 - 5x - 2$$

　多項式どうしの差は，引く方の多項式の係数の符号を変えて，加える．

　多項式どうしの積は，分配法則

$$A(B + C) = AB + AC, \quad (B + C)A = BA + CA$$

を使い，単項式の和のかたち，つまり 1 つの多項式にすることで定める．たと
えば，

$$(x^2 + 2x)(3x - 1) = x^2(3x - 1) + 2x(3x - 1)$$

$$= x^2 \cdot 3x + x^2 \cdot (-1) + 2x \cdot 3x + 2x \cdot (-1)$$

$$= 3x^3 - x^2 + 6x^2 - 2x = 3x^3 + 5x^2 - 2x$$

これらの例はすべて1つの文字 x についての整式であるが,

$$x^2 y - xy + 3x + y^4 + 2$$

のような2つ以上の文字の整式についても同様に考え,和・積も同様に与えられる.

■因数分解

多項式の積を計算して1つの多項式として表すことを**展開**という.逆に多項式を2つ以上の多項式の積のかたちに表すことを**因数分解**といい,積に現れる各多項式を元の多項式の**因数**という.展開は分配法則に従って機械的な操作でできるが,因数分解には公式を応用した工夫を要する.

代表的な展開・因数分解の例をいくつか挙げてみよう:

- $(x + y)(x - y) = x^2 - y^2$
- $(x + y)^2 = x^2 + 2xy + y^2$
  $(x - y)^2 = x^2 - 2xy + y^2$
- $(x - y)(x^2 + xy + y^2) = x^3 - y^3$
  $(x + y)(x^2 - xy + y^2) = x^3 + y^3$
- $(x + y)^3 = x^3 + 3x^2 y + 3xy^2 + y^3$
  $(x - y)^3 = x^3 - 3x^2 y + 3xy^2 - y^3$
- $(x + y + z)(x^2 + y^2 + z^2 - xy - yz - zx) = x^3 + y^3 + z^3 - 3xyz$

左辺から右辺への変形が展開,右辺から左辺への変形が因数分解である.これらの中の1つの文字を多項式に置き換えても成り立つので,より複雑な展開や因数分解に工夫して使用する.たとえば,次のように応用する:

$$(x + y + z)(x + y - z) = \{(x + y) + z\}\{(x + y) - z\} = (x + y)^2 - z^2$$

■多項式どうしの除法

```
                                      多項式の除法の定理
    文字 x についての2つの多項式 A(x), B(x) について，A(x) の次数 ≧ B(x)
  の次数であるとき，文字 x についての多項式 Q(x), R(x) が一意的に存在
  して，
          A(x) = B(x)Q(x) + R(x),    R(x) の次数 < B(x) の次数
  をみたす．
```

　このとき，$Q(x)$ を，$A(x)$ を $B(x)$ で割った**商**といい，$R(x)$ を**余り**という．
$R(x) = 0$ の場合，$A(x)$ は $B(x)$ で**割り切れる**という．

　整数の約数・倍数と同じように，多項式 $A(x)$ が多項式 $B(x)$ で割り切れるとき，$B(x)$ を $A(x)$ の**約数**，$A(x)$ を $B(x)$ の**倍数**という．いくつかの多項式に共通な約数を**公約数**，その中で次数が最も高いものを**最大公約数**という．2つの多項式の最大公約数が定数のとき，この2つの多項式は互いに**素**であるという．また，いくつかの多項式に共通な倍数を**公倍数**，その中で次数が最も低いものを**最小公倍数**という．

　文字 x の多項式 $A(x)$ に $x = a$ を代入したときの値を $A(a)$ と書くことにする．$A(x)$ を $x - a$ で割ったときの商を $Q(x)$，余りを $R(x)$ とする．$x - a$ は1次式だから，余り $R(x)$ は0次式，つまり定数になる．除法の定理から，

$$A(x) = (x - a)Q(x) + R(x), \quad A(a) = (a - a)Q(a) + R(a) = R(a)$$

となる．したがって，次が得られる：

```
                                                      剰余の定理
    多項式 A(x) を x − a で割ったときの余りは A(a) に等しい．
```

　$x - a$ が多項式 $A(x)$ の因数になるのは，$A(x)$ を $x - a$ で割ったときの余りが0となるときである．そして，余りは $A(a)$ だから，次が成り立つ：

因数定理

多項式 $A(x)$ が $x - a$ を因数にもてば，$A(a) = 0$.

逆に，$A(a) = 0$ ならば，$A(x)$ は $x - a$ を因数にもつ.

例題 12 多項式 $A(x) = x^3 + 2x^2 - x + k$ が $x + 1$ を因数にもつように，定数 k の値を定めよ.

解答 $A(x)$ が $x + 1$ を因数にもつ $\Leftrightarrow$ $A(-1) = 0$.

$$A(-1) = (-1)^3 + 2 \times (-1)^2 - (-1) + k = 2 + k$$

だから，$2 + k = 0$, $k = -2$.

$k = -2$ のときは，$A(1) = 0$, $A(-2) = 0$ だから，

$$A(x) = (x + 1)(x - 1)(x + 2)$$

と因数分解される.

■**分数式**

2つの多項式 $A(x)$, $B(x)$ について，$\dfrac{A(x)}{B(x)}$ の形の式を**分数式**といい，$A(x)$ を分子，$B(x)$ を分母という．分母 $B(x)$ が定数の場合が多項式であり，多項式と分数式を合わせて**有理式**という.

分数式でも，分数のように，約分や通分ができる．分母と分子が互いに素な多項式のときは，約分ができない．このような分数式を**既約分数式**という.

分数式の乗法・除法・加法・減法は，分数の場合と同じように計算する.

例題 13 (1) $\dfrac{x-3}{x+1} \times \dfrac{x^2+x}{x-1} = \dfrac{(x-3)x(x+1)}{(x+1)(x-1)} = \dfrac{x(x-3)}{x-1}$

(2) $\dfrac{x^2}{x+1} + \dfrac{x+1}{x-1} = \dfrac{x^2(x-1)}{(x+1)(x-1)} + \dfrac{(x+1)(x+1)}{(x-1)(x+1)}$

$$= \dfrac{x^3 - x^2 + (x+1)^2}{(x-1)(x+1)} = \dfrac{x^3 + 2x + 1}{(x-1)(x+1)}$$

■対称式

　2 文字以上の多項式のうち，どの 2 文字を入れ換えても同じ多項式になるもの
を**対称式**という．たとえば，2 文字 x, y の対称式としては

$$2x^2y + 2xy^2 - 3xy$$

があり，3 文字 a, b, c の対称式としては

$$a^3b + ab^3 + b^3c + bc^3 + c^3a + ca^3$$

といったものがある．因数分解の公式の中にも散見されるので，確認するように．

　多項式に現れる文字 $x_1, \cdots, x_n$ を固定したとき，その中の異なる k 文字 ($k \leq n$) の積をあり得る組合せについてすべて足し合わせたものを $x_1, \cdots, x_n$ の k 次
基本対称式という．たとえば，

　　x, y の 1 次，2 次の基本対称式は，順に，$x + y$, xy,

　　x, y, z の 1 次，2 次，3 次の基本対称式は，順に $x+y+z$, $xy+yz+zx$, xyz.

――――――基本対称式――

　任意の整数係数の対称式は，整数係数の基本対称式の多項式で表すこと
ができる．

例題 14　$x^2 + y^2$ を基本対称式を用いて表せ．

|解答|　$x^2 + y^2 = (x + y)^2 - 2xy$.

■解と係数の関係 (Viéte's theorem)

　x に関する実数係数の 2 次方程式 $ax^2 + bx + c = 0$ の解を α, β とすると，因
数定理より，$ax^2 + bx + c$ は $x - \alpha$, $x - \beta$ で割り切れる：

$$ax^2 + bx + c = a(x - \alpha)(x - \beta)$$

これを変形して，次がわかる：

$$x^2 + \frac{b}{a}x + \frac{c}{a} = (x - \alpha)(x - \beta) = x^2 - (\alpha + \beta)x + \alpha\beta$$

同様にして，3 次方程式 $ax^3 + bx^2 + cx + d = 0$ の解を α, β, γ とすると，

$$x^3 + \frac{b}{a}x^2 + \frac{c}{a}x + \frac{d}{a} = (x - \alpha)(x - \beta)(x - \gamma)$$

$$= x^3 - (\alpha + \beta + \gamma)x^2 + (\alpha\beta + \beta\gamma + \gamma\alpha)x - \alpha\beta\gamma$$

————解と係数の関係————

2 次方程式 $ax^2 + bx + c = 0$ の 2 つの解を α, β とすると,

$$\frac{b}{a} = -(\alpha + \beta), \quad \frac{c}{a} = \alpha\beta.$$

3 次方程式 $ax^3 + bx^2 + cx + d = 0$ の 3 つの解を α, β, γ とすると,

$$\frac{b}{a} = -(\alpha + \beta + \gamma), \quad \frac{c}{a} = \alpha\beta + \beta\gamma + \gamma\alpha, \quad \frac{d}{a} = -\alpha\beta\gamma.$$

参考 上の方程式の係数は複素数でもよい. 複素数係数の n 次方程式

$$a_n x^n + a_{n-1} x^{n-1} + \cdots + a_1 x + a_0 = 0$$

は複素数の中に n 個の解をもち (代数学の基本定理), その解を $x_1, x_2, \cdots, x_n$ とすると, 一般に次が成り立つ:

$$\sum_{i=1}^{n} x_i = -\frac{a_{n-1}}{a_n}, \quad \sum_{1 \leq i < j \leq n} x_i x_j = \frac{a_{n-2}}{a_n}, \quad \cdots, \quad x_1 x_2 \cdots x_n = (-1)^n \frac{a_0}{a_n}$$

■絶対不等式

不等式 $(x - y)^2 \geq 0$ のように, 変数 x, y がどのような実数であっても成立する不等式を**絶対不等式**という.

絶対不等式を証明するためには, この例のように, 実数の 2 乗が常に 0 以上であることを利用するほか, いくつかの有名な不等式をうまく組み合わせて使うことが多い. よく用いられる不等式には次のようなものがある.

————相加・相乗平均の不等式————

0 以上の実数 $x_1, x_2, \cdots, x_n$ について, 次が成り立つ:

$$\frac{x_1 + x_2 + \cdots + x_n}{n} \geq \sqrt[n]{x_1 x_2 \cdots x_n}$$

ここで, 等号が成立するのは $x_1 = x_2 = \cdots = x_n$ の場合に限る.

この不等式の左辺を**相加平均**とか**算術平均**といい，右辺を**相乗平均**とか**幾何平均**という．$n = 2$ の場合は，

$$\left(\frac{x+y}{2}\right)^2 - (\sqrt{xy})^2 = \frac{(x-y)^2}{4} \geq 0$$

より，簡単に証明され，いろいろな場面で日常的に使用される．

―――――――――――――――――――コーシー‐シュワルツの不等式―

任意の実数 $a_1, a_2, \cdots, a_n, b_1, b_2, \cdots, b_n$ に対して，次が成り立つ：
$$(a_1^2 + a_2^2 + \cdots + a_n^2)(b_1^2 + b_2^2 + \cdots + b_n^2) \geq (a_1b_1 + a_2b_2 + \cdots + a_nb_n)^2.$$
等号成立条件は，a_i, b_i が比例関係がある，すなわち，$b_i \neq 0$ ならば，$\dfrac{a_i}{b_i}$ の値が一定値である場合に限る．

1.3 数列

ある規則に従って，並べられた数の列を**数列**という．その各数を**項**といい，はじめの項(第1項)を**初項**，n 番目の項を**第 n 項**という．また，第 n 項が n の式で表されたとき，この n 番目の項を**一般項**ともいう．

数列 $\{a_n\}$ は多種多様であるが，

(I) 初項 a_1,　(II) $a_1, a_2, \cdots, a_n$ から a_{n+1} をつくる手続き

の2つを与えることによって定まるものが多い．このとき，その手続きを**漸化式**という．以下で，漸化式を用いて定義される代表的な数列を2つ紹介する．

■等差数列

初項 $a_1 = a$ に定数 d を次々と加えていってできる数列 $\{a_n\}$ を**等差数列**といい，d を**公差**という．これは，任意の n について，$a_{n+1} = a_n + d$ という漸化式で定義され，$a_{n+1} - a_n = d$ である．この数列の第 n 項は

$$a_n = a + (n-1)d$$

で与えられ，初項から第 n 項までの n 個の項の総和は次式で与えられる：
$$S_n = \frac{n\{2a + (n-1)d\}}{2}$$

■等比数列

初項 $a_1 = a$ に定数 r を次々とかけていってできる数列 $\{a_n\}$ を**等比数列**といい，r を**公比**という．これは，任意の n について，$a_{n+1} = a_n r$ という漸化式で定義され，$r \neq 0$ のときは $a_{n+1} : a_n = r : 1$ である．この数列の第 n 項は

$$a_n = ar^{n-1}, \quad r^0 = 1$$

で与えられ，初項から第 n 項までの n 個の項の総和は次式で与えられる：

$$r \neq 1 \text{ のとき}, \quad S_n = \frac{a(1 - r^n)}{1 - r} = \frac{a(r^n - 1)}{r - 1}$$

$$r = 1 \text{ のとき}, \quad S_n = na$$

第 **2** 章

幾何

2.1　図形どうしの関係

■合同と相似

　2 つの図形 A, B があって，A を平行移動，回転移動，裏返しのみを用いて B に重ね合わせることができるとき，A と B は**合同**であるといい，

$$A \equiv B$$

と書く．特に，2 つの三角形が合同であるためには，次のうちいずれか 1 つが成り立てばよい．

- 3 つの辺の長さがそれぞれ等しい．(**三辺相等**)
- 2 つの辺の長さと，その間の角の大きさが等しい．(**二辺夾角相等**)
- 2 つの角の大きさと，その間の辺の長さが等しい．(**二角夾辺相等**)

　2 つの図形 A, B があって，A をその形を変えることなく，拡大，縮小することで B と合同にすることができるとき，A と B は**相似**であるといい，

$$A \backsim B$$

と書く．A と B の対応する辺の長さの比を**相似比**という．特に，2 つの三角形が相似であるためには，次のうちいずれか 1 つが成り立てばよい．

- 3 つの辺の長さの比が等しい．(**三辺比相等**)
- 2 つの辺の長さの比と，その間の角の大きさが等しい．(**二辺比夾角相等**)
- 2 つの角の大きさが等しい．(**二角相等**)

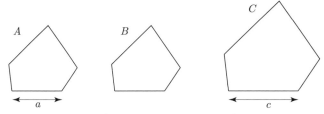

AとBは合同，AとCは相似比 $a:c$ の相似.

■平行線と相似

平面上で交わらない2直線 l, m は平行であるといい，

$$l \mathbin{/\!/} m$$

と書く.

─────────────────────────中点連結定理─

　△ABCにおいて，点 D, E がそれぞれ辺 AB, AC の中点，つまり辺の長さを2等分する点のとき，

$$BC = 2DE, \quad BC \mathbin{/\!/} DE$$

が成り立つ.

　一般に，△ABCの1辺 BC と平行な直線を引き辺 AB, AC との交点をそれぞれ D, E とすると，△ABC と △ADE は相似である.

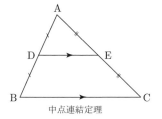

中点連結定理

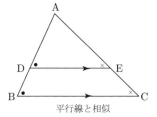

平行線と相似

■直線に下ろした垂線の足

　点 O から直線 l に下ろした垂線の足とは，O を通って l に垂直な直線と，l との交点 H のことである.

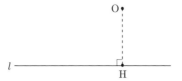

■接する図形

　円と直線がただ1点のみを共有するとき，円と直線は**接する**という．多角形の
すべての辺と円が接しているとき，その円は多角形に**内接**しているといい，また
その多角形は円に**外接**しているという．

　逆に，多角形のすべての頂点がある円周上にあるとき，その多角形は円に**内
接**しているといい，またその円は多角形に**外接**しているという．

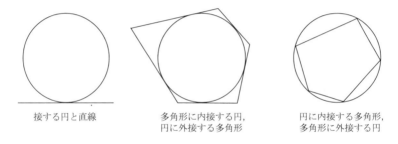

接する円と直線　　　　多角形に内接する円，　　　円に内接する多角形，
　　　　　　　　　　　円に外接する多角形　　　　多角形に外接する円

2.2　三角形の性質

■三角形の面積

　三角形の面積は (底辺) × (高さ) ÷ 2 で与えられる．このことから三角形の面
積についていくつかの性質が成り立つ．

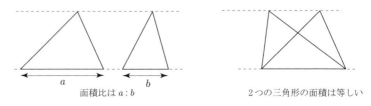

面積比は $a : b$　　　　　　　　　2つの三角形の面積は等しい

　まず，平行な2直線の間に三角形をつくると，その高さはどの三角形でも等し
いことから，面積の比は底辺の長さの比と同じになる．特に底辺を共有する2つ

の三角形の面積は等しい.

　次に，1つの角の大きさが等しいか，足して$180°$になる2つの三角形は，その角を挟む2辺のうち1辺を底辺として見ると，高さの比がもう1辺の長さの比になっているので，その角を挟む2辺の長さの積の比が面積の比となっている.特に相似比(☞106ページ)が$a:b$の相似な図形の面積比は$a^2:b^2$である.

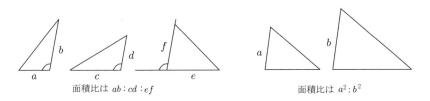

面積比は $ab:cd:ef$ 　　　　　面積比は $a^2:b^2$

■三角形の五心

重心　三角形の頂点と，その対辺の中点を結んだ線を中線という.3つの中線はただ1点で交わり，この点を重心という.

内心　三角形の3つの角の2等分線はただ1点で交わる.その点は三角形に内接する円の中心であり，これを内心という.

垂心　三角形の3つの頂点からそれぞれ対辺へと下ろした垂線はただ1点で交わり，その点を垂心という.

外心　三角形の3つの辺の垂直2等分線はただ1点で交わる.その点は三角形に外接する円の中心であり，これを外心という.

傍心　三角形の2つの辺に対し，その2辺の延長および残りの1辺と三角形の外で接する円の中心を傍心とい，これは1つの三角形に対し3つ存在する.

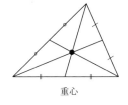
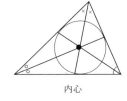
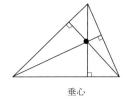

重心　　　　　　　　　内心　　　　　　　　　垂心

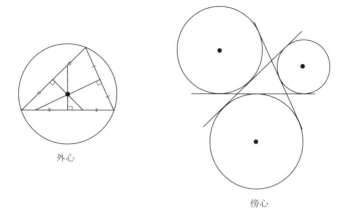

外心

傍心

■角の 2 等分線の定理

> 　△ABC に対し，∠A の 2 等分線と辺 BC の交点を D とすると次が成り立つ.
>
> $$AB : AC = BD : CD$$

証明　図のように AB // ED となるように直線 AC 上に点 E をとると，∠EDA = ∠DAB = ∠EAD より △EAD は二等辺三角形になる. また，AB // ED なので，△ABC ∽ △EDC. よって，

AB : AC = ED : EC = AE : EC = BD : DC.

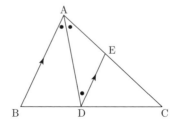

■三平方の定理

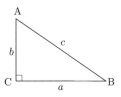

△ABC の ∠C が直角のとき，$a^2 + b^2 = c^2$ である.

証明 図のように直角三角形を 4 つ貼り合わせてできる正方形の面積を考える.外側の正方形の面積は $(a+b)^2$ であるが，これは内側の正方形の面積と，4 つの直角三角形の面積の和でもあるので，$c^2 + 4 \times \frac{1}{2}ab$ でもある.これより，

$$(a+b)^2 = c^2 + 4 \times \frac{1}{2}ab, \quad \text{よって，} \quad a^2 + b^2 = c^2.$$

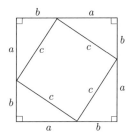

三平方の定理の応用として次の**中線定理**を示そう.

△ABC の辺 BC の中点を D とするとき，$AB^2 + AC^2 = 2AD^2 + 2BD^2$ が成り立つ.

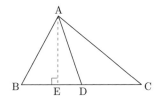

証明 三平方の定理(☞ 111 ページ)より，次が成り立つ．

$$AB^2 + AC^2 = AE^2 + BE^2 + AE^2 + CE^2$$
$$= 2(AD^2 - DE^2) + (BD - DE)^2 + (CD + DE)^2$$
$$= 2AD^2 + BD^2 + CD^2 = 2AD^2 + 2BD^2.$$

よって $AB^2 + AC^2 = 2AD^2 + 2BD^2$ となる．

■三角不等式

三角形の辺の長さの間に常に成り立つ不等式である．$\triangle ABC$ に対して

$$AB + BC > CA, \quad BC + CA > AB, \quad CA + AB > BC$$

が成り立つ．これは下のようにまとめることもできる．

$$AB + BC > CA > |AB - BC|.$$

■メネラウスの定理とその逆

$\triangle ABC$ の3辺 AB, BC, CA 上かまたはその延長上に，それぞれ，3点 P, Q, R をとる．3点 P, Q, R が同一直線上にあるならば，

$$\frac{AP}{PB} \cdot \frac{BQ}{QC} \cdot \frac{CR}{RA} = 1 \quad \cdots\cdots (*)$$

逆に，3点 P, Q, R のすべて，または1点だけが辺の延長上にあり，$(*)$ ならば，3点 P, Q, R は同一直線上にある．

前半の証明では，平行線による比の移動によって，3つの比を補助線により AB 上に集める方法と，高さが共通な三角形を利用して，線分の比を面積の比に変える方法の2通りを紹介する．

証明1 頂点 C を通り，直線 PQ に平行な直線を引いて，辺 AB との交点を D とする (次ページの図左)．

$PQ \mathbin{/\mkern-5mu/} DC$ より，$\quad \dfrac{BQ}{QC} = \dfrac{BP}{PD}$

PR // DC より, $\dfrac{\text{CR}}{\text{RA}} = \dfrac{\text{DP}}{\text{PA}}$

よって, $\dfrac{\text{AP}}{\text{PB}} \cdot \dfrac{\text{BQ}}{\text{QC}} \cdot \dfrac{\text{CR}}{\text{RA}} = \dfrac{\text{AP}}{\text{PB}} \cdot \dfrac{\text{BP}}{\text{PD}} \cdot \dfrac{\text{DP}}{\text{PA}} = 1$

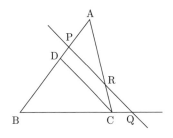 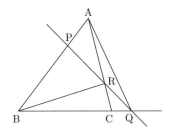

証明2 △QBR と △QCR で QR が共通だから, $\dfrac{\triangle\text{QBR}}{\triangle\text{QCR}} = \dfrac{\text{BQ}}{\text{QC}}$ (上図右).

同様にして, $\dfrac{\triangle\text{RCQ}}{\triangle\text{RAQ}} = \dfrac{\text{CR}}{\text{RA}}$, $\dfrac{\triangle\text{QAR}}{\triangle\text{QBR}} = \dfrac{\text{AP}}{\text{PB}}$

よって, $\dfrac{\text{AP}}{\text{PB}} \cdot \dfrac{\text{BQ}}{\text{QC}} \cdot \dfrac{\text{CR}}{\text{RA}} = \dfrac{\triangle\text{QAR}}{\triangle\text{QBR}} \cdot \dfrac{\triangle\text{QBR}}{\triangle\text{QCR}} \cdot \dfrac{\triangle\text{RCQ}}{\triangle\text{RAQ}} = 1$

後半の証明 2直線 PR と BC の交点を Q' とする.

上の前半より, $\dfrac{\text{AP}}{\text{PB}} \cdot \dfrac{\text{BQ}'}{\text{Q}'\text{C}} \cdot \dfrac{\text{CR}}{\text{RA}} = 1$

条件式と比べると, $\dfrac{\text{BQ}'}{\text{Q}'\text{C}} = \dfrac{\text{BQ}}{\text{QC}}$

したがって, Q と Q' は辺 BC を同じ比に外分するから, 一致する. よって, 3 点 P, Q, R は同一直線上にある.

注意 1つの直線と △ABC の位置関係はいろいろ考えられるが, 他の場合も同様である.

■チェバの定理とその逆

△ABCの3辺 AB, BC, CA 上かまたはその延長上に, それぞれ, 3点 P, Q, R をとる. 3直線 AQ, BR, CP が1点で交わるならば,

$$\frac{AP}{PB} \cdot \frac{BQ}{QC} \cdot \frac{CR}{RA} = 1 \quad \cdots\cdots (**)$$

逆に，3点 P, Q, R のすべて，または1点だけが辺上にあり，$(**)$ ならば，3直線 AQ, BR, CP は1点で交わるか，または平行である．

[前半の証明]　3直線の交点を O とする．△APC と直線 BOR，△BCP と直線 AOQ にそれぞれメネラウスの定理を使うと，

$$\frac{AB}{BP} \cdot \frac{PO}{OC} \cdot \frac{CR}{RA} = 1, \quad \frac{BQ}{QC} \cdot \frac{CO}{OP} \cdot \frac{PA}{AB} = 1$$

この2式の両辺を辺々かけあわせると，求める式 $(**)$ が得られる．

後半の証明は省略する．メネラウスの定理の逆とは異なり，$(**)$ だけからは，1点で交わるほかに，平行の場合も起こることに注意する．

2.3　円を含む図形

■中心角と円周角

平面上に点 O を中心とする円 C がある．C 上のある2点 P, Q に対して，P と Q を両端とする円周の一部のうち，短い方を弧 PQ と呼ぶ．このとき ∠POQ を弧 PQ に対する**中心角**という．C 上の点のうち弧 PQ 上にはない点 R をとる．このとき，∠PRQ を弧 PQ に対する**円周角**という．

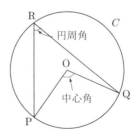

このとき，以下の**円周角の定理**が成り立つ．

R の取り方によらず，弧 PQ に対する円周角は中心角の半分に等しい．

証明

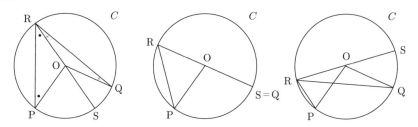

図のように RS が円の直径となるように点 S をとる. S が弧 PQ 上にあるとき,
△ORP, △ORQ はそれぞれ OR = OP, OR = OQ なる二等辺三角形なので,

$$\angle SOP = \angle ORP + \angle OPR = 2\angle ORP,$$

$$\angle SOQ = \angle ORQ + \angle OQR = 2\angle ORQ$$

が成り立つ. これを辺々加えると,

$$\angle POQ = 2\angle PRQ$$

となり, 求める等式が得られた.

S が Q と一致するときと, S が弧 PQ 上にないときの証明は演習問題とする.

逆に, 線分 PQ と 2 点 R, S があって, R, S は直線 PQ に対して同じ側で ∠PRQ =
∠PSQ をみたすとき, 4 点 P, Q, R, S はある円 C 上にある. (円周角の定理の逆)

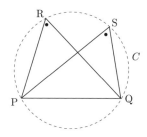

また, 特に直径の両端となる 2 点に対する中心角は 180° と見なせるので, その 2 点に対する円周角は 90° となる. この場合についても, 円周角の定理の逆を考えると, 線分 AB が与えられたときに, 点 C が ∠ACB = 90° をみたしながら動くとすれば, 点 C は AB を直径とする円周上を動くことになる.

■円に内接する四角形

　四角形が円に内接している（☞108ページ）とき，四角形の向かい合う2つの角の和は180°となる．これはまた，その四角形の内角は向かい合う角の外角に等しいとも言い換えられる．

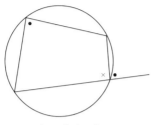
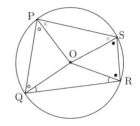

×と●の和は180°

　これは次のように示すことができる．上右図の中の三角形はすべて円の半径を2辺とする二等辺三角形なので，図のように考えると，∠P＋∠R＝∠Q＋∠Sであり，さらに∠P＋∠Q＋∠R＋∠Sは四角形の内角の和で360°なので∠P＋∠R＝∠Q＋∠S＝180°がわかる．また逆に，向かい合う2つの角の和が180°の四角形はある円に内接する．

■方べきの定理

> 　円周SとS上にない点Pを固定し，Pを通る直線とSが交点A, Bをもつときを考える．このとき，$PA \cdot PB$（これをPに関する**方べき**という）は直線の取り方によらず一定である．
>
> 　逆に，2線分AB, CDまたはそれぞれの延長が点Pで交わるとき，
>
> $$PA \cdot PB = PC \cdot PD$$
>
> ならば，4点A, B, C, Dは同一円周上にある．

證明　図のようにPがSの外にあるときと中にあるときを考える．いずれの場合も$\triangle PAC \backsim \triangle PDB$が，円に内接する四角形の性質か円周角の定理からわかる．よって，$PA \cdot PB = PC \cdot PD$．

逆を示す．△PAD と △PCB において，∠APD = ∠CPB である．PA · PB = PC · PD より，PA : PC = PD : PB．よって，△PAD ∽ △PCB．よって，∠ADP = ∠CBP．円周角の定理の逆より，4 点 A, B, C, D は同一円周上にある．

なお，P が外にあるとき，P を通る直線が S に接する場合が 2 通りあり，接点を T, T' とすると，PA · PB = PT^2 = (PT')^2 が成立する．これは，2 交点 C, D が一致するときと考えればよい．PT = PT' を (P からの) 接線の長さということがある．S の中心を O とすると，PO^2 = PT^2 + OT^2 が成り立つ．

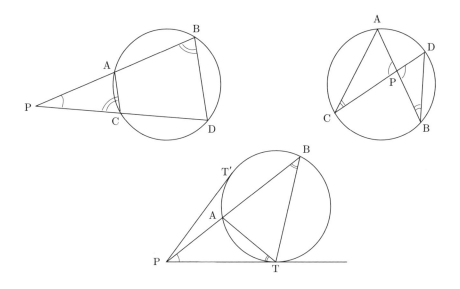

■接弦定理

円周 S と線分 TP が点 T で接しているとする．点 P を通る直線と S が 2 点 A, B で交わるとき，∠PTA = ∠TBA が成り立つ．

証明 円周 S の中心を O とする．線分 TP は S と接するので半径 OT と直交し，∠PTA = 90° − ∠OTA である．

△OTA は OT=OA なる二等辺三角形であるから，
$$\angle OTA = \frac{1}{2}(180° - \angle TOA) = 90° - \frac{1}{2}\angle TOA.$$

さらに，弧 TA に対して，円周角の定理から，$\angle \text{TBP} = \dfrac{1}{2}\angle \text{TOA}$.

以上から，$\angle \text{PTA} = \angle \text{TBA}$.

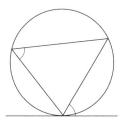 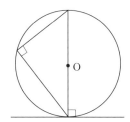 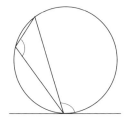

2.4　空間図形

■空間内の平面や直線の位置関係

　空間にある平面や直線の関係をまとめてみよう．

　まず，2つの平面は交わるか，平行であるかのどちらかである．また，1つの平面と1本の直線の関係も，交わるか，平行であるかのどちらかである．2本の直線の間の関係は，**交わるか，平行であるか，ねじれの位置**にあるかのどれかである．

　交わる2直線は必ず同一平面内にある．同一平面上にあるが交わらない2直線を平行といい，同一平面上にない2直線をねじれの位置にある2直線という．

平行　　　　　　　　　交わる　　　　　　　ねじれの位置

■平面と直線の直交

　空間にある平面 π と直線 ℓ が交わり，その交点を通る π 上のどんな直線とも ℓ が垂直に交わっているとき，平面 π と直線 ℓ は**直交**するといい，$\pi \perp \ell$ と書く．

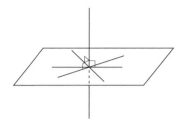

■空間における平面に下ろした垂線の足

点 P から平面 π に下ろした**垂線の足**とは，P を通って π に直交する直線 ℓ と π との交点 K のことである．実際に垂線の足は，次の定理に従って求められる．

---3 垂線の定理---

平面 π 外の点 P から π 上の (任意の) 直線 m に下ろした垂線の足を Q とし，π 上で点 Q において引いた m への垂線を n とする．

このとき，点 P から平面 π への垂線 ℓ は，P から n へ下ろした垂線と一致する．

■空間における接する図形

空間においても平面図形と同様に接する図形を考えることができる．

球と平面がただ 1 点のみを共有するとき，球と平面は接するという．多面体のすべての面と球が接しているとき，その球は多面体に**内接**しているといい，またその多面体は球に**外接**しているという．

逆に，多面体のすべての頂点がある球面上にあるとき，その多面体は球に**内接**しているといい，またその球は多面体に**外接**しているという．

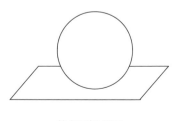
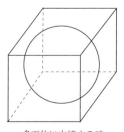
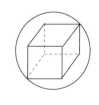

接する球と平面　　　　　多面体に内接する球，　　　球に内接する多面体，
　　　　　　　　　　　　球に外接する多面体　　　多面体に外接する球

第**3**章

組合せ

3.1 数え上げ

この節では，「何個あるか」「何通りあるか」といった，個数を求める問題に対して，よく使われる基本的な考え方を紹介する．

■順列

まず，次の例題を考えよう．

例題 15 20 人の生徒が試験を受け，1 位から 6 位までの氏名が発表される．その結果は何通り考えられるか．ただし，同点はないものとする．

解答 まず，1 位になる人は 20 通り考えられる．1 位の人が決まると，2 位になる人は 19 通り考えられる．1 位と 2 位が決まると，3 位になる人は 18 通り考えられる．以下同様に考えると，6 位までの結果は

$$20 \cdot 19 \cdot 18 \cdot 17 \cdot 16 \cdot 15 = 27\,907\,200 \text{ 通り.}$$

この例題で数えたのは，6 位までの生徒が順に書いてある順位表の個数である．そのような順位表を，生徒たちのなす長さ 6 の順列という．

一般に，n 個のものがあれば，それらがなす長さ m の順列の個数は

$$n \cdot (n-1) \cdot \cdots \cdot (n-m+1) = \frac{n!}{(n-m)!}$$

である．ここで $n!$ は $n \cdot (n-1) \cdot \cdots \cdot 2 \cdot 1$ のことであり，n の階乗という．ただし $0! = 1$ と約束する．

■組合せ

今度は，6 位以内に誰が入ったかは発表するが，誰が何位であったかまでは考えないことにする．

例題 16　20 人の生徒が試験を受け，優秀者 6 人が選ばれる．選ばれ方は何通り考えられるか．

[解答]　前の例題で見たように，長さ 6 の順列は $20 \cdot 19 \cdot 18 \cdot 17 \cdot 16 \cdot 15$ 個あった．この中には，同じ 6 人の顔ぶれに対し，その 6 人がなす順列 $6!$ 個が重複して数えられている．したがって，6 人の選ばれ方は

$$\frac{20 \cdot 19 \cdot 18 \cdot 17 \cdot 16 \cdot 15}{6 \cdot 5 \cdot 4 \cdot 3 \cdot 2 \cdot 1} = 38\,760 \text{ 通り}$$

ある．

このように，順位を発表せずに 6 人を選ぶ選び方を，大きさ 6 の**組合せ**という．一般に，n 個のものから k 個を選ぶ組合せの個数は

$$\frac{n \cdot (n-1) \cdot \cdots \cdot (n-k+1)}{k \cdot (k-1) \cdot \cdots \cdot 1} = \frac{n!}{k!\,(n-k)!}$$

である．これを $_n\mathrm{C}_k$，あるいは $\dbinom{n}{k}$ で表す．

次の問題では，「……個のものを選ぶ方法の個数を求めよ」と書かれてはいないが，よく考えると組合せの考え方が利用できる．

例題 17　りんご 5 個と柿(かき) 5 個を一列に並べる．何通りの並べ方があるか？

[解答]　10 個の「置き場所」の中から，りんごを置く 5 ヵ所を選べばよいから，

$$_{10}\mathrm{C}_5 = \frac{10 \cdot 9 \cdot 8 \cdot 7 \cdot 6}{5 \cdot 4 \cdot 3 \cdot 2 \cdot 1} = 252 \text{ 通り}.$$

このように，一見すると全く異なる状況を典型的な問題に帰着させるのが，数え上げの問題の難しさであり，工夫のしどころである．

■二項定理・二項係数

$n \geq 2$ のとき，$(a+b)^n = \underbrace{(a+b)(a+b)\cdots(a+b)}_{n\,\text{個}}$ の展開式の $a^{n-r}b^r$ という

項は，右辺の r 個の ( ) の中から b を選び，残りの $n-r$ 個の中から a を選ぶ
とできるから，その係数は n 個から r 個を選ぶ組合せの数で $_nC_r$ となる：

$$(a+b)^n = {}_nC_0\,a^n + {}_nC_1\,a^{n-1}b + {}_nC_2\,a^{n-2}b^2 + \cdots + {}_nC_r\,a^{n-r}b^r + \cdots + {}_nC_n\,b^n$$

これを**二項定理**といい，右辺の係数 $_nC_0,\ _nC_1,\ _nC_2,\ \cdots,\ _nC_n$ を**二項係数**と
いう．二項係数には次の関係がある：

$$_nC_r = {}_nC_{n-r}, \quad _{n-1}C_{r-1} + {}_{n-1}C_r = {}_nC_r,$$

$$_nC_0 + {}_nC_1 + {}_nC_2 + \cdots + {}_nC_n = 2^n$$

■重複順列

n 種類のものがそれぞれたくさんある．これらから合計 k 個をとりだして一列
に並べたもの――同じ種類のものが複数回現れてもよい――を，長さ k の**重複
順列**という．そのような重複順列は n^k 通りある．理由は明らかであろう．

たとえば，りんごと柿からなる長さ n の重複順列は 2^n 通りある．ところで，
先ほどの例題で考えたように，そのような重複順列のうち，りんごをちょうど i
個使う並べ方は $_nC_i$ 通り（☞ 121 ページ）ある．りんごの個数 i は 0 から n まで考
えられるから，次の等式が成り立つことがわかる．

$$_nC_0 + {}_nC_1 + \cdots + {}_nC_n = 2^n.$$

■重複組合せ

次の例題も，一見すると全く異なる状況だが，じつは組合せ（☞ 121 ページ）の
問題として考えることができる．

例題 18　A, B, C の 3 人にりんご 8 個を分ける．りんごを 1 個ももらえない人が
いてもよい．分け方は何通りあるか．

解答　これは次の図のように，8 個のりんごと 2 枚の「仕切り」を一列に並べる
のと同じことである．したがって，分け方は $_{10}C_8 = 45$ 通り．

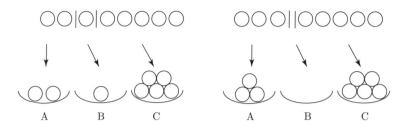

このように，互いに区別されない k 個のものを，互いに区別される n 個のグループに分ける方法の個数は $_{k+n-1}\mathrm{C}_k$ である．これを $_n\mathrm{H}_k$ とも書く．これは，n 種類のものから重複を許して合計 k 個をとりだすやり方の個数と同じである．

3.2 確率

■事象と確率

確率を考える対象を**事象**という．たとえば，さいころを 1 回振って出た目について考えるとき，「出た目が偶数である」は事象である．事象 A が起こる確率を $P(A)$ で表す．

確率を考える際に最小単位とする事象を**根元事象**という．さいころを 1 回振って出た目について考えるとき，

「出た目が 1 である」という事象 A_1，

「出た目が 2 である」という事象 A_2，

$\vdots$

「出た目が 6 である」という事象 A_6

の 6 つが根元事象である．これらは

$$P(A_1) = P(A_2) = \cdots = P(A_6) = \frac{1}{6}$$

をみたす——すなわち**同様に確**からしい——とする．

このとき，ある事象の確率は，根元事象を数えることでわかる．たとえば，「出た目が偶数である」という事象 E は 3 つの根元事象 A_2, A_4, A_6 からなるから，

$$P(E) = P(A_2) + P(A_4) + P(A_6) = \frac{1}{6} \times 3 = \frac{1}{2}$$

となる．次節では，より詳しく確率の法則を見ていく．

■和の法則と積の法則

　事象は根元事象を元とする集合と見られるので，事象間の関係を示すのに集合
の記号も用いられる．事象 A と事象 B が同時に起こりえないとき，A と B は**排
反**であるという．このとき，A と B のどちらかが起こるという事象 $A \cup B$ の確
率は

$$P(A \cup B) = P(A) + P(B)$$

である．この式を**和の法則**という．

　事象 A に対して，「A が起こらない」という事象 A^c を A の**余事象**といい，

$$P(A) + P(A^c) = 1$$

が成り立つ．

　ある事象 A が起こるという条件の下で事象 B が起こる確率を**条件つき確率**と
いい，$P(B|A)$ で表す．A と B の両方が起こるという事象 $A \cap B$ の確率は

$$P(A \cap B) = P(B|A)P(A)$$

である．これを**積の法則**という．

　A が起こることと B が起こることが全く無関係であるとき，A と B は**独立**で
あるという．A と B が独立ならば

$$P(B|A) = P(B)$$

であり，積の法則と合わせると

$$P(A \cap B) = P(B)P(A)$$

を得る．

　2つの事象が独立である例とそうでない例を見てみよう．

独立な事象　大小2つのさいころを振って，大きいさいころの目が偶数であると
いう事象を A，小さいさいころの目が3であるという事象を B とする．2つ
のさいころに相互関係はないはずなので，A と B は独立である．大きいさ
いころの目が偶数である確率は $\dfrac{1}{2}$，小さいさいころの目が3である確率は
$\dfrac{1}{6}$ である．よって積の法則より，大きいさいころの出た目が偶数であり，か

つ小さいさいころの出た目が3である確率は $\dfrac{1}{2} \cdot \dfrac{1}{6} = \dfrac{1}{12}$ である.

独立でない事象 当たりとはずれのあるくじを2回引く. ただし, 1回目に引いたくじは戻さないとする. 1回目が当たりだったかどうかによって, 2回目を引く時点で残っている当たりくじの数は変わるから, 1回目と2回目の結果には関係がある. つまり, 1回目が当たりであるという事象と2回目が当たりであるという事象は独立でない.

例題 19 上の「独立でない事象」の例で, 5本中2本が当たりの場合を考える.

(1) 1本目が当たりである確率を求めよ.

(2) 1本目が当たりであるという条件の下で, 2本目が当たりである確率を求めよ.

(3) 1本目が当たりでないという条件の下で, 2本目が当たりである確率を求めよ.

(4) 2本目が当たりである確率を求めよ.

[解答] (1) $\dfrac{2}{5}$.

(2) 1本目が当たりであれば, 残された4本のくじの中で当たりくじは1本なので, 2本目が当たりである確率は $\dfrac{1}{4}$ である.

(3) 1本目が当たりでなければ, 残された4本のくじの中で当たりくじは2本なので, 2本目が当たりである確率は $\dfrac{2}{4} = \dfrac{1}{2}$ である.

(4) 1本目も2本目も当たりである確率は $\dfrac{2}{5} \cdot \dfrac{1}{4} = \dfrac{1}{10}$ である. 1本目は当たりではなく2本目は当たりである確率は $\dfrac{3}{5} \cdot \dfrac{1}{2} = \dfrac{3}{10}$ である. これらを合わせて, 2本目が当たりである確率は $\dfrac{1}{10} + \dfrac{3}{10} = \dfrac{2}{5}$ である.

3.3　グラフ

■グラフとは

ここでいうグラフとは，いくつかの**頂点**とそれらを結ぶ**辺**からなるものであり，いわゆる「関数のグラフ」とは別の概念である．各頂点の位置や辺の形などが違っていても違うグラフとはせず，どの頂点間が結ばれているかのみを表すものである．

頂点を平面上の点で，辺を頂点間の曲線で表すと，グラフは平面上の図形で表される．たとえば，以下の5つの図形はグラフを表しており，左の2つの図形は同じグラフを表している．

なお，右から2つ目のグラフのように，同じ2頂点を結ぶ辺を複数考えたり(**多重辺**という)，1頂点から出てそこに戻るような辺(**ループ**という)などを扱うこともある．多重辺もループももたないグラフを**単純グラフ**という．

また，右端のグラフのようにグラフの辺に向きを付けて考えることもある．このようなグラフを**有向グラフ**という．

■グラフの性質

グラフはこのような簡単な構造なので，応用も広い．グラフを特徴付ける基本的な数量として，頂点の個数と辺の本数がまず挙げられる．頂点 v を端点とする辺の本数を v の**次数**といい，$deg(v)$ で表す．ただし，ループについては，1本につき2と数えることとする．1本の辺は2個の頂点を端点としており，ループの特例を考慮すると，次が成り立つ．

―――握手の補題―――

グラフの頂点の次数の総和は，辺の本数の2倍である．

つまり，グラフの頂点を $v_1, v_2, \cdots, v_n$ とすると，

$$deg(v_1) + deg(v_2) + \cdots + deg(v_n) = 2 \times (\text{辺の本数})$$

この補題から，次数が奇数の頂点は，偶数個であることがわかる．グラフを議論するとき，常にこの補題を意識することが必要である．

頂点 u から出発してグラフの辺を伝って頂点 v へ到達する経路を**小径**という．この際，同じ辺や頂点を何度通過してもよい．u をこの**始点**，v を**終点**という．始点と終点が同じであるような小径を**閉路**という．どの頂点からどの頂点へも小径が存在するようなグラフを，**連結なグラフ**という．

ここで，与えられたグラフの**一筆書き**について考えてみよう．すなわち，紙から筆を離すことなく，各辺をちょうど一度ずつ通ってそのグラフを描くことができるだろうか．これは，グラフの**すべての辺を一度ずつ通る小径または閉路**が存在するかどうかという問題になる．実は，次のことが知られている．

──────オイラーの一筆書き定理──

　連結なグラフがすべての辺を一度ずつ通る閉路をもつための必要十分条件は，すべての頂点の次数が偶数であることである．

　連結なグラフがすべての辺を一度ずつ通る (閉路でない) 小径をもつための必要十分条件は，次数が奇数の頂点がちょうど2個であることである．

証明の概略 　途中の各頂点においては，小径に従って辺をたどると，入ってくると出ていくから，次数は偶数になる．始点＝終点なので，この点においても次数は偶数になる．

逆は帰納法で示す．1頂点のグラフについては，辺はすべてループであり，自明である．2頂点以上のグラフについて，任意に1頂点 u を選んで始点とし，ここから任意の辺を選んで次の頂点に進む．この頂点の次数は偶数であるから，まだ通過していない辺が残っているので，その中から任意の辺を選び次の頂点に進む．この操作を反復する．この操作が反復できなくなるのは，始点 u に戻ってきて，未通過の辺が残っていないときだけである．このとき得られた閉路 E_1 がすべての辺を通過していれば終了である．未通過の辺が残っている場合，E_1 の辺をすべて取り除いてみると，いくつかの連結なグラフが残るが，いずれの連結成

分も u を含まないから頂点数は元のグラフの頂点数より少なく，かつ各頂点の次数はすべて偶数である．したがって，帰納法の仮定から，各連結成分はすべての辺を一度ずつ通る閉路をもつ．グラフが連結であるから，E_1 とある頂点 v を共有する連結成分がある．この共有頂点 v で E_1 と連結成分の閉路 E_2 をつなぐことによって E_1 より辺の本数が多い閉路を得る．辺の本数は有限だから，この操作の反復により，求める閉路を得る．

　グラフがちょうど2個の次数が奇数の頂点をもつ場合は，その2頂点を辺で結んで考えると，すべての頂点の次数が偶数の場合に帰着される．

　上の証明からわかるように，すべての頂点の次数が偶数の場合，一筆書きはどの頂点からスタートしてもよいことになり，また一筆書きの方法も一般に多様である．次数が奇数の頂点が2個の場合は，この2つの頂点を始点と終点とする一筆書きである．

　たとえば，下の左の図形はどの頂点の次数も4だから，どの頂点から始めても一筆書き可能である．また，下の右の図形は A と B の頂点の次数が奇数だから，A か B から始めれば一筆書きで描くことができる．

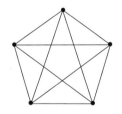
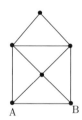

3.4　その他の手法

■鳩の巣原理

　10個の巣箱に21羽の鳩が入っていれば，鳩が3羽以上入った巣箱が少なくとも1つある．このように，

　　n 個のものが k 個のグループに分けられているとき，$n > mk$ ならば，少なくとも1つのグループの中には $m + 1$ 個以上のものがある

といえる. なぜならば, どのグループの中にも m 個以下しかないとすると, 合計の個数は mk 個以下となり, 矛盾となるからである.

これを鳩の巣原理という. 部屋割り論法とか抽斗論法とも呼ばれる.

■塗り分け

マス目の上に図形を置いたり, その上で駒を動かしたりする問題では, 塗り分けが有効な手段となることがある. たとえば, 下図のように, チェスのナイトの動きをする駒を動かすとする. このとき, 一番左下のマスをスタート地点にして, すべてのマスを一度ずつ通ってふたたびスタート地点に帰ってくることができるかどうかを考えよう.

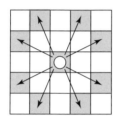
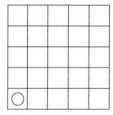

スタート地点

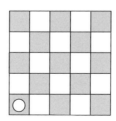

□ に進むことができる

この問題は, 下図のように白と黒を交互に塗る市松模様とよばれる塗り方を用いて解くことができる.

スタート地点から出発して帰ってくることができるとして, その間に通るマスの個数を, スタート地点だけは2回通ることに注意して数える. すると通る黒マスは14個, 白マスは12個であり, その差は2個である.

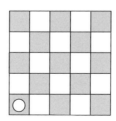

　しかし，市松模様に塗り分けたマス目の上で駒を動かすと，黒いマスの上にいた駒は一度動かすと必ず白いマスに，白いマスの上にいた駒は一度動かすと必ず黒いマスに進む．駒は黒と白のマスを交互に動いていくことになるので，通れる黒と白のマスの数は同じ数ずつか1つ違いでなければならない．

　よって，すべてのマスを一度ずつ通って再びスタート地点に帰ってくることはできない．

日本ジュニア数学オリンピック
(JJMO)
過去問題

第17回日本ジュニア数学オリンピック (2019)

予選問題

1. a, b, c, d, e, f は相異なる 1 以上 9 以下の整数であり，$ab = cd = e + f$ をみたしているとする．このとき，$a + b + c + d + e + f$ としてありうる値をすべて求めよ．

2. 差が 1 である 2 つの正の整数を大きい順に並べて得られる数を**今年の数**とよぶ．たとえば 20 と 19 を並べて得られる 2019 は今年の数である．17 で割りきれる今年の数としてありうる最小のものを求めよ．

3. 四角形 ABCD と四角形 DEFG はともに長方形であり，3 点 A, D, E と 3 点 C, D, G はいずれもこの順に同一直線上にある．∠GAD = 36°，∠GCF = 15°，BE = CF が成り立つとき，∠AEB の大きさを求めよ．ただし，XY で線分 XY の長さを表すものとする．

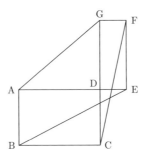

4. 1 以上 999 以下の整数であって，2 で割りきれる回数が 5 で割りきれる回数より多いものはいくつあるか．

5. 円に内接する四角形 ABCD および辺 CD 上の点 E について, AB = 3, EC = 5, ED = 1, AE // BC が成り立っている. また, 直線 AE に関して D と対称な点を F とすると, 3 点 B, E, F は同一直線上にある. このとき, 線分 AF の長さを求めよ.

ただし, XY で線分 XY の長さを表すものとする.

6. 10 枚のカードが横一列に並んでいる. 左から奇数番目のカードには正の整数, 偶数番目のカードには負の整数を書き込む. このとき, 以下の条件をみたすような書き込み方は何通りあるか.

1 以上 10 以下のどの整数 i についても, 1 番目から i 番目のカードに書き込まれている数の総和は $-1, 0, 1$ のいずれかである.

7. 正の整数 x に対して $d(x)$ で x の正の約数の個数を表すとき, $d(n^2) = d(n^2 + 7^{2019})$ をみたす正の整数 n としてありうる最小のものを求めよ.

8. 1 以上 5 以下の整数 5 つからなる組 (a, b, c, d, e) で, $a + 2b + 3c + 4d + 5e$ が 6 の倍数になるものはいくつあるか.

9. 三角形 ABC は $\angle B = 90°$, BC = 8 をみたす. 辺 AB 上に点 D, 辺 AC 上に点 E があり, 直線 BE と直線 CD の交点を F とおくと BF = 6, CF = 7 をみたす. また四角形 ADFE に円が内接するとき, 線分 AB の長さを求めよ. ただし, XY で線分 XY の長さを表すものとする.

10. ある国には港が 100 個あり, JJMO 海運は異なる 2 つの港を双方向に結ぶ直行便をいくつか運航している. JJMO 海運は次の条件をみたす異なる 2 つの港 A, B に対し, それらを双方向に結ぶ直行便を新しく作ることにした.

港 A を出てすべての港を 1 回ずつ通り港 B へ行くことができるが, 港 A, B の間には直行便は存在しない.

条件をみたすような異なる 2 つの港がなくなるまで直行便を作るとき, 作られる直行便の数としてありうる最大の値を求めよ.

11. 三角形 ABC の内心を I，垂心を H とする．AI = 5, AH = 6, ∠AIH = 90°
が成り立っているとき，三角形 ABC の外接円の半径の長さを求めよ．

　　ただし，XY で線分 XY の長さを表すものとする．

12. 黒板に，A と B をいくつか並べてできる文字列 w が書かれているとき，以下
のような操作を考える．

　　　w の後ろにもう 1 つ w を書き足した後，0 文字または 1 文字を A から B ま
　　　たは B から A に書き換える．

　　たとえば，w が「ABA」のとき，操作後に黒板に書かれている文字列として
ありうるものは，「$ABAABA$」，「$BBAABA$」，「$AAAABA$」，「$ABBABA$」，
「$ABABBA$」，「$ABAAAA$」，「$ABAABB$」の 7 つである．

　　いま，黒板に「A」という文字列が書かれているとする．この状態から操作
を 4 回行ったとき，最終的に黒板に書かれている文字列としてありうるものは
いくつあるか．

解答

1.　$\boxed{23,\ 27}$

$N = ab = cd = e + f$ とおく．必要なら a と b，c と d，e と f を交換して，$a < b, c < d, e < f$ が成り立つとしてよい．さらに，必要なら (a,b) と (c,d) を交換して，$a < c$ が成り立つとしてよい．

e, f は異なる 1 以上 9 以下の整数なので，$N \geq 1 + 2 = 3$，$N \leq 8 + 9 = 17$ が成り立つ．また，$N = ab = cd$ なので，N は 1 桁の正の約数を 4 個以上もつ．特に，N が 10 以上の場合は，a, b, c, d のいずれも N にはならず，したがって 1 にもならないので，正の約数を 6 個以上もつ．

3 以上 17 以下の整数のうち，N としてありうる値を考える．3, 4, 5, 7, 9, 11, 13, 17 は正の約数が 3 個以下なので適さない．また，10, 14, 15, 16 は 10 以上で，正の約数が 5 個以下なので適さない．よって，N の値は 6, 8, 12 以外にはなりえない．

- $N = 6$ のとき，$(a, b, c, d) = (1, 6, 2, 3)$ である．$e + f = N$ をみたす e, f の組は $(1, 5), (2, 4)$ であるが，それぞれ $a = e, c = e$ となり適さない．

- $N = 8$ のとき，$(a, b, c, d) = (1, 8, 2, 4)$ である．$e + f = N$ をみたす e, f の組は $(1, 7), (2, 6), (3, 5)$ であり，このうちで e も f も a, b, c, d と一致しないものは，$(3, 5)$ のみである．このとき，$a+b+c+d+e+f = 1+8+2+4+3+5 = 23$ である．

- $N = 12$ のとき，$(a, b, c, d) = (2, 6, 3, 4)$ である．$e + f = N$ をみたす e, f の組は $(3, 9), (4, 8), (5, 7)$ であり，このうちで e も f も a, b, c, d と一致しないものは，$(5, 7)$ のみである．このとき，$a+b+c+d+e+f = 2+6+3+4+5+7 = 27$ である．

以上より，答は **23, 27** である．

2.　$\boxed{1615}$

2 桁の 17 の倍数である 17, 34, 51, 68, 85 の中には今年の数は存在しない．3 桁の今年の数は 109 のみであるが，これは 17 の倍数ではない．m を 4 桁の今

年の数とする. m の下 2 桁を N とおくと, $10 \leqq N \leqq 98$ であり, また, m は $N+1$ と N を並べてできる数であるから,

$$m = 100(N+1) + N = 101N + 100 = 17(6N+5) + 15 - N$$

である. これが 17 で割りきれるのは $15 - N$ が 17 で割りきれるときなので, N としてありうる最小の値は 15 である. このとき $m = \mathbf{1615}$ であり, これが答である.

3. | $33°$ |

　直線 BC と直線 EF の交点を H とおく. 四角形 ABHE と四角形 GCHF は長方形なので, BE = AH, CF = HG が成り立つ. よって AH = BE = CF = HG より三角形 HAG は二等辺三角形となるので, $\angle AGH = \angle GAH$ が成り立つ. また再び四角形 ABHE と四角形 GCHF が長方形であることから, $\angle CGH = \angle GCF = 15°$, $\angle EAH = \angle AEB$ が成り立つ. したがって

$$\angle AGH = \angle AGD + \angle CGH = (90° - \angle GAD) + 15° = 69°$$

および

$$\angle GAH = \angle GAD + \angle EAH = 36° + \angle AEB$$

といえる. 以上より

$$69° = \angle AGH = \angle GAH = 36° + \angle AEB$$

となるので, $\angle AEB = 69° - 36° = \mathbf{33°}$ である.

4. | 444 個 |

　実数 r に対して, r を超えない最大の整数を $[r]$ で表す.

　i を 0 以上の整数として, 題意をみたす整数のうち, 5 でちょうど i 回割りきれるものの個数を考える. このような整数は, すなわち 5 でちょうど i 回割りきれ, 2 で $i+1$ 回以上割りきれるようなものである. 5 で i 回以上, 2 で $i+1$ 回以上割りきれるもの, つまり $2^{i+1}5^i = 2 \cdot 10^i$ で割りきれるものの個数は $\left[\dfrac{999}{2 \cdot 10^i}\right]$ であり, 2 でも 5 でも $i+1$ 回以上割りきれるもの, つまり $2^{i+1}5^{i+1} = 10^{i+1}$ で割りきれる

ものの個数は $\left[\dfrac{999}{10^{i+1}}\right]$ である．よって，考えている個数は $\left[\dfrac{999}{2 \cdot 10^i}\right] - \left[\dfrac{999}{10^{i+1}}\right]$ である．

$i \geqq 3$ のとき，

$$0 \leqq \left[\frac{999}{2 \cdot 10^i}\right] - \left[\frac{999}{10^{i+1}}\right] \leqq \left[\frac{999}{2 \cdot 10^i}\right] \leqq \left[\frac{999}{2000}\right] = 0$$

なので，この個数は 0 である．よって，$i = 0, 1, 2$ について求めた個数を足せばよい．

$$\left[\frac{999}{2}\right] - \left[\frac{999}{10}\right] + \left[\frac{999}{20}\right] - \left[\frac{999}{100}\right] + \left[\frac{999}{200}\right] - \left[\frac{999}{1000}\right]$$

$$= 499 - 99 + 49 - 9 + 4 - 0 = 444$$

なので，答は **444** 個となる．

5. $\boxed{\dfrac{3\sqrt{5}}{5}}$

F は直線 AE に関して D と対称なので，

$$\angle AEF = \angle AED, \quad \angle EDA = \angle EFA, \quad EF = ED = 1$$

が成り立つことに注意する．AE // BC より，$\angle BCE = \angle AED$, $\angle CBE = \angle AEB$ とわかる．したがって，$\angle BCE = \angle AED = \angle AEB = \angle CBE$，すなわち $EB = EC = 5$ が成り立つ．

また，AE // BC より $\angle EAB = 180° - \angle ABC$ であり，四角形 ABCD は円に内接することから，$180° - \angle ABC = \angle ADC$ となる．したがって，$\angle EAB = \angle ADC = \angle EDA = \angle EFA$ といえる．よって，$\angle AEB = \angle FEA$ とあわせて，三角形 EAB と EFA が相似であることがわかる．

したがって，$\dfrac{EA}{EF} = \dfrac{EB}{EA}$ がいえるので，$EA^2 = EF \cdot EB = 5$ が成り立つ．これより $EA = \sqrt{5}$ となる．さらにこの相似より $\dfrac{EB}{EA} = \dfrac{AB}{FA}$ が成り立つので，

$$FA = \frac{AB \cdot EA}{EB} = \frac{3\sqrt{5}}{5}$$ を得る．

6. | 89 通り |

　まず 10 を一般の正の整数 n に置き換えて考える．条件をみたすように n 枚の
カードに数を書き込む方法の場合の数を S_n とおく．1 以上 n 以下の整数 i に対
し，左から i 番目のカードに書き込まれている整数を a_i とおき，この n 枚のカー
ドが条件をみたすことを，$(a_1, \cdots, a_n)$ が条件をみたすということにする．条件
より $a_1 = -1, 0, 1$ であり，a_1 が正の整数であるため $a_1 = 1$ である．また，条
件より $a_1 + a_2 = -1, 0, 1$ なので $a_2 = -2, -1, 0$ であり，a_2 は負の整数であ
るため $a_2 = -1, -2$ である．以上より，$S_1 = 1$, $S_2 = 2$ が成立する．

　3 以上の整数 n に対し，$S_n = S_{n-1} + S_{n-2}$ が成り立つことを示す．以下，a_2
の値によって場合分けして考える．

　$a_2 = -1$ の場合を考える．3 以上 n 以下の整数 i に対し，

$$1 + (-1) + a_3 + \cdots + a_i = a_3 + \cdots + a_i$$

が成立するため，$(1, -1, a_3, \cdots, a_n)$ が条件をみたすことと $(a_3, \cdots, a_n)$ が条
件をみたすことは同値であるので，場合の数は S_{n-2} である．

　$a_2 = -2$ の場合を考える．3 以上 n 以下の整数 i に対し，

$$1 + (-2) + a_3 + \cdots + a_i = -(1 + (-a_3) + \cdots + (-a_i))$$

が成立するため，$(1, -2, a_3, \cdots, a_n)$ が条件をみたすことと $(1, -a_3, \cdots, -a_n)$
が条件をみたすことは同値である．$n-1$ 枚のカードが条件をみたすとき，一番左
のカードは 1 であるから，$(1, -a_3, \cdots, -a_n)$ が条件をみたすような $(a_3, \cdots, a_n)$
は S_{n-1} 通りある．よって，場合の数は S_{n-1} である．

　以上より，3 以上の整数 n に対し，$S_n = S_{n-1} + S_{n-2}$ が成立する．

　$S_1 = 1$, $S_2 = 2$ から順次計算すると，答は $S_{10} = \mathbf{89}$ 通りである．

7. | $171 \cdot 7^{1008}$ |

　正の整数 k が正の約数を奇数個もつことと，k が平方数であることは同値であ
る．$d(n^2)$ が奇数であることから，$n^2 + 7^{2019}$ も平方数といえる．すなわち，あ
る正の整数 m を用いて $n^2 + 7^{2019} = m^2$ と表せる．この式を変形すると

$$(m - n)(m + n) = 7^{2019}$$

となる．よって，0 以上の整数 a を用いて $m - n = 7^a$, $m + n = 7^{2019-a}$ と表せる．ただし $m - n < m + n$ より $7^a < 7^{2019-a}$ であるため，a は 1009 以下である．$a' < a$ に対して

$$n = \frac{7^{2019-a} - 7^a}{2} < \frac{7^{2019-a'} - 7^{a'}}{2}$$

なので，$a = 1009$ から順に条件をみたすかどうかを調べる．

$a = 1009$ のとき，$m - n = 7^{1009}$, $m + n = 7^{1010}$ である．このとき $n = 3 \cdot 7^{1009}$, $m = 4 \cdot 7^{1009}$ であるが，

$$d(n^2) = d(3^2 \cdot 7^{2018}) = (2+1)(2018+1) = 3 \cdot 2019,$$

$$d(n^2 + 7^{2019}) = d(m^2) = d(2^4 \cdot 7^{2018}) = (4+1)(2018+1) = 5 \cdot 2019$$

となり，条件をみたさない．

$a = 1008$ のとき，$m - n = 7^{1008}$, $m + n = 7^{1011}$ である．このとき $n = 171 \cdot 7^{1008}$, $m = 172 \cdot 7^{1008}$ であるが，

$$d(n^2) = d(3^4 \cdot 19^2 \cdot 7^{2016}) = (4+1)(2+1)(2016+1) = 15 \cdot 2017,$$

$$d(n^2 + 7^{2019}) = d(m^2) = d(2^4 \cdot 43^2 \cdot 7^{2016})$$

$$= (4+1)(2+1)(2016+1) = 15 \cdot 2017$$

となり，条件をみたす．よってこの場合の n，すなわち $\mathbf{171 \cdot 7^{1008}}$ が答である．

8. ┃ 518 個

整数 x, y と正の整数 m に対して，$x - y$ が m で割りきれることを

$$x \equiv y \pmod{m}$$

と書く．

まず，i を 0 以上 5 以下の整数として，$a + 5e$ を 6 で割った余りが i であるような組 (a, e) の個数を考える．このような組 (a, e) は，$5e \equiv i - a \pmod 6$ をみたすものである．$5e$ を 6 で割った余りは e の値と一対一に対応し，1, 2, 3, 4, 5 のいずれかをとるので，条件をみたす e は各 a について高々 1 つである．また，各 a に対して，条件をみたす e が存在することは $a \not\equiv i \pmod 6$ と同値である．

このような a の値は，$i = 0$ のとき 5 つ，$i \neq 0$ のとき 4 つある．よって，$i = 0$ のとき組は 5 つ，$i \neq 0$ のとき組は 4 つずつ存在する．

次に，$2b + 3c + 4d$ が 6 の倍数になるような組 (b, c, d) の個数を考える．$2b + 3c + 4d = 2(b + 2d) + 3c$ なので，これが 6 の倍数のとき，$2(b + 2d)$ は 3 の倍数，$3c$ は 2 の倍数である．さらに，2 と 3 は互いに素なので，$b + 2d$ は 3 の倍数，c は 2 の倍数である．逆にこれらが成立するとき，$2b + 3c + 4d$ は 6 の倍数になる．c が偶数なので，$c = 2, 4$ で，定め方は 2 通りある．一方，$b + 2d$ が 3 の倍数であることは，つまり $b \equiv -2d \pmod 3$ となることである．b は 1 以上 5 以下なので，$-2d$ が 3 の倍数の場合，つまり $d = 3$ の場合のみ対応する b は 1 つ，そのほかの場合は 2 つずつある．よって，組 (b, d) の定め方は，$1 \cdot 1 + 2 \cdot (5 - 1) = 9$ 通り存在する．したがって，$2b + 3c + 4d$ が 6 の倍数になるような組 (b, c, d) の個数は $2 \cdot 9 = 18$ である．

最初に示したことから，このような組 (b, c, d) に対しては，問題の条件をみたすような対応する組 (a, e) は 5 つずつ，それ以外の組 (b, c, d) に対しては 4 つずつ存在する．

よって，答は $18 \cdot 5 + (5^3 - 18) \cdot 4 = \mathbf{518}$ 個となる．

9. $\boxed{\dfrac{63}{2}}$

四角形 ADFE の内接円を ω とする．ω と辺 AD, DF, FE, EA の接する点をそれぞれ G, H, I, J とする．このとき直線 BG と直線 BI は ω に接するので GB = IB が成り立ち，同様に JC = HC も成立する．よって

$$AB = AG + GB = AG + IB = AG + IF + FB$$

および

$$AC = AJ + JC = AJ + HC = AJ + HF + FC$$

が成り立つ．また上と同様に AJ = AG, HF = IF が成り立つので

$$AC - AB = (AJ + HF + FC) - (AG + IF + FB) = FC - FB = 1$$

とわかる．よって線分 AB の長さを a とおき，三角形 ABC に三平方の定理を用いると

$$8^2 = (a+1)^2 - a^2 = 2a + 1$$

となるので，$a = \dfrac{64-1}{2} = \dfrac{\mathbf{63}}{\mathbf{2}}$ である．

10. $\boxed{4850}$

　直行便を 4851 本以上新しく作ることはできないことをはじめに示す．まず，最初にあった直行便が 99 本以下の場合を考える．

　1 本以上の直行便を作ることができるとして，はじめに作られる直行便が港 A, B を結ぶものであるとする．

　条件より港 A を出てすべての港を 1 回ずつ通り港 B へ行くことができる．そのとき通る港を順に A, X_1, $\cdots$, X_{98}, B とすると，A と X_1, X_{98} と B を結ぶもの，および $1 \leqq i < 98$ に対して X_i と X_{i+1} を結ぶものの 99 本の直行便が最初にあったことになる．しかし最初にあった直行便の数は 99 以下なので，これですべてである．

　条件より A と B を結ぶ直行便が 1 本作られるが，そのあとは任意の港 C, D について，港 C を出てすべての港を 1 回ずつ通り港 D へ行くことができるとき，港 C, D の間に直行便が運行されているので，条件をみたす 2 つの港は存在しない．よってこのとき新しく作られる直行便は高々 1 本である．

　一方，最初にあった直行便が 100 本以上のとき，新しく作ることのできる直行便は高々 ${}_{100}C_2 - 100 = 4850$ 本であるから，結局，新しく作ることができる直行便は 4850 本以下である．

　次に直行便が 4850 本作られる場合があることを示す．港に A, B, Y_1, $\cdots$, Y_{98} と記号を振る．

　最初に A と B, A と Y_1, B と Y_1 を結ぶ直行便および $1 \leqq i < 98$ に対して，Y_i と Y_{i+1} を結ぶ直行便の合計 100 本がある状況を考える．

　まず A, B, Y_1, $\cdots$, Y_{98} という順に行くことができるので，A と Y_{98} の間に直行便が作られる．同様に B と Y_{98} の間に直行便が作られる．

　$1 < i \leqq 98$ について，A と Y_i および B と Y_i の間に直行便があるとき，Y_{i-1}, $\cdots$, Y_1, B, Y_i, $\cdots$, Y_{98}, A という順に行くことができるので，A と Y_{i-1} の間に直行便が作られる．同様に B と Y_{i-1} の間に直行便が作られる．よって A

および B からはすべての港に直行便が作られる．このとき, 任意の $1 \leqq i < j \leqq 98$ に対して $Y_i, \cdots, Y_1, A, Y_{i+1}, \cdots, Y_{j-1}, B, Y_{98}, \cdots, Y_j$ という順に行くことができるので, Y_i と Y_j の間に直行便が作られる．よって任意の異なる 2 つの港の間に直行便が作られる．このとき新しく作られた直行便は $_{100}\mathrm{C}_2 - 100 = 4850$ 本である.

　以上より, 答は **4850** である.

11. $\boxed{\dfrac{75}{7}}$

　$\angle \mathrm{CAB} = 2\alpha$, $\angle \mathrm{ABC} = 2\beta$, $\angle \mathrm{BCA} = 2\gamma$ とする．三角形 ABC の内角の和を考えて, $\alpha + \beta + \gamma = 90°$ となることに注意する．AB = AC と仮定すると, 3 点 A, H, I はいずれも $\angle \mathrm{CAB}$ の二等分線上にあることから, $\angle \mathrm{AIH} = 90°$ に矛盾する．よって, 対称性より AB < AC, すなわち $\beta > \gamma$ と仮定してよい.

　また, $\angle \mathrm{ABC}$ が鋭角でないと仮定する．このとき, I を通り AI に垂直な直線を l とし, B から CA におろした垂線を m とすると, H は l と m の交点である．ここで, l と AB の交点を S とすると,

$$\angle \mathrm{AIB} = 180° - \angle \mathrm{IAB} - \angle \mathrm{IBA} = 180° - \alpha - \beta = 90° + \gamma > 90°$$

となるので, S は線分 AB 上に存在する．また, m と AC の交点を T とすると, $\angle \mathrm{ASI} = 90° - \alpha$, $\angle \mathrm{ABT} = 90° - 2\alpha$ となるので, $\angle \mathrm{ASI} > \angle \mathrm{ABT}$ が成り立つ．したがって, l と m は AB に関して C と同じ側で交わるとわかる．しかし, $\angle \mathrm{ABC}$ が鋭角でないので, H は AB 上, あるいは AB に関して C と反対側に存在する．これは矛盾．したがって, $\angle \mathrm{ABC}$ が鋭角であるとわかる．$\beta > \gamma$ より $\angle \mathrm{ACB}$ が鋭角であることもわかる.

　三角形 ABC の外接円の弧 BC のうち A を含まない方の中点を M, 直線 BC に関して H と対称な点を H′ とする．このとき, 3 点 A, I, M はいずれも $\angle \mathrm{CAB}$ の二等分線上にある．また, $\angle \mathrm{HBC} = 90° - 2\gamma$, $\angle \mathrm{HCB} = 90° - 2\beta$ なので,

$$\angle \mathrm{BH'C} = \angle \mathrm{BHC} = 180° - \angle \mathrm{HBC} - \angle \mathrm{HCB} = 2\beta + 2\gamma$$

である．したがって,

$$\angle \mathrm{BAC} + \angle \mathrm{BH'C} = 2\alpha + 2\beta + 2\gamma = 180°$$

となり，H′ は三角形 ABC の外接円上にあるとわかる．

ここで，IH と BC の交点を P，AH と BC の交点を D とする．このとき，

$$\angle AH'M + \angle AH'P$$
$$= \angle AH'C + \angle CH'M + \angle HH'P = \angle ABC + \angle CAM + \angle H'HP$$
$$= \angle ABC + \angle BAM + \angle AHI = \angle ABD + \angle BAD + \angle HAI + \angle AHI$$
$$= 90° + 90° = 180°$$

である．したがって，3 点 P, H′, M は同一直線上にある．

さて，方べきの定理より PH′·PM = PB·PC が成り立つ．

$$\angle PIB = \angle AIB - \angle AIP = 90° + \gamma - 90° = \gamma = \angle PCI$$

とわかる．したがって，三角形 PIB と PCI は相似であるので，

$$PB : PI = PI : PC, \quad \text{すなわち} \quad PB \cdot PC = PI^2$$

が成り立つ．よって，

$$PH' \cdot PM = PI^2, \quad \text{すなわち} \quad PH' : PI = PI : PM$$

を得る．これより，三角形 PH′I と PIM は相似，つまり ∠PH′I = 90° とわかるので，

$$\angle IH'H = \angle PH'I - \angle PH'D = 90° - \angle PHD = 90° - \angle AHI = \angle IAD,$$

すなわち IA = IH′ といえる．三角形 ABC の外心を O とすると，OA = OH′ とあわせて，OI は線分 AH′ の垂直二等分線であるので，OI は AH に垂直である．

$$\angle BAH = \angle CAO = 90° - 2\beta, \quad \angle BAI = \angle CAI$$

より，∠HAI = ∠OAI である．したがって，H と AI に関して対称な点を K とすると，3 点 A, K, O は同一直線上にあり，3 点 H, I, K も同一直線上にある．また，I から AH におろした垂線の足を L とすると，三角形 ALI と AIH が相似であることより，AL : AI = AI : AH であるので，$AL = \dfrac{AI^2}{AH} = \dfrac{25}{6}$ とわかる．よって，

$$AL : LH = \frac{25}{6} : 6 - \frac{25}{6} = 25 : 11$$

が成り立つ．ここで，三角形 AHK と直線 LO についてメネラウスの定理を用い

ると,

$$\frac{\text{AL}}{\text{LH}} \cdot \frac{\text{HI}}{\text{IK}} \cdot \frac{\text{KO}}{\text{OA}} = 1 \quad \text{すなわち} \quad \frac{\text{AO} - 6}{\text{AO}} = \frac{11}{25}$$

である. よって, $\text{AO} = \dfrac{75}{7}$ を得る.

12. $\boxed{1099\ 個}$

文字列 x, y に対し, x の後に y を続けてできる文字列を $x * y$ で表す.

0 以上の整数 n に対し, 黒板に「A」が書かれている状態から n 回の操作を行って得られる文字列を P_n 語とよび, その個数を $f(n)$ とおく. このとき, $f(0) = 1$ であり, 答は $f(4)$ である. P_n 語はいずれも 2^n 文字である. $n \geqq 1$ のとき, P_n 語のうち P_{n-1} 語 x を用いて $x * x$ と表せるものは $f(n-1)$ 個ある. このように表せない P_n 語を Q_n 語とよび, その個数を $g(n)$ とおく. また, Q_0 語とは「A」のことであるとし, $g(0) = 1$ とおく. このとき,

$$f(n) = g(n) + f(n-1) \qquad (n \geqq 1) \tag{1}$$

が成り立つ.

ここで, $n \geqq 1$ に対し, $g(n)$ を $g(n-1)$ を用いて表すことを考える.

補題 1 どの Q_n 語もある Q_{n-1} 語に操作を 1 回行うことで得られる.

[証明] Q_n 語 w に対して, x に操作を 1 回行って w を得られるような P_{n-1} 語 x をとる.

特に, x と 1 文字違いの文字列 x' があり, w は $x * x'$ または $x' * x$ と書ける. x が Q_{n-1} 語のとき主張は明らかである. そうでないとき, $x = u * u$ となるような P_{n-2} 語 u がとれる. x' は u に操作を 1 回行って得られる Q_{n-1} 語で, w は x' に操作を 1 回行って得られるので補題は成り立つ. ∎

補題 2 x, y を異なる Q_{n-1} 語とする. x, y のそれぞれに操作を 1 回行って Q_n 語 w, z が得られたとき, w と z は異なる文字列である.

[証明] $n = 1$ のときは異なる Q_0 語 x, y がとれないので, $n \geqq 2$ としてよい. x, y を異なる Q_{n-1} 語とする. x と 1 文字違いの文字列 x' があり, w は $x * x'$ ま

たは $x' * x$ と表せる. y と 1 文字違いの文字列 y' があり, z は $y * y'$ または $y' * y$ と表せる. よって, $w = z$ と仮定すると, $x = y$ かつ $x' = y'$ であるか, $x = y'$ かつ $x' = y$ であるかのいずれかが成り立つ. $x \neq y$ より前者はありえない.

　後者のとき, x と y は 1 文字違いであり, x と y のどちらかには A が偶数個含まれる. 一方, どの Q_{n-1} 語もある文字列を 2 回繰り返した後で, 1 文字を変更して得られるので, 含まれている A, B の個数はともに奇数であるから, こちらもありえない. ∎

　各 Q_{n-1} 語 x に対して, $x * x$ を 1 文字変更して得られる文字列は 2^n 個ある. すべての Q_{n-1} 語からこうしてできる文字列を考えると, 補題 2 よりそれら $2^n g(n-1)$ 個は相異なり, 補題 1 よりこれで Q_n 語のすべてが尽くされる. よって,

$$g(n) = 2^n g(n-1) \qquad (n \geqq 1) \tag{2}$$

が成り立つ.

　(2) より $g(0) = 1$, $g(1) = 2^1$, $g(2) = 2^3$, $g(3) = 2^6$, $g(4) = 2^{10}$ が順に得られる. したがって, (1) より

$$
\begin{aligned}
f(4) &= 2^{10} + f(3) = 2^{10} + 2^6 + f(2) \\
&= 2^{10} + 2^6 + 2^3 + f(1) = 2^{10} + 2^6 + 2^3 + 2^1 + f(0) \\
&= 1024 + 64 + 8 + 2 + 1 = \mathbf{1099}
\end{aligned}
$$

であり, これが答である.

本選問題

1. 三角形 ABC があって，AB = AC ≠ BC となっている．三角形 ABC の内部に点 D をとったところ，∠ABD = ∠ACD = 30° となった．このとき，∠ACB，∠ADB の二等分線は辺 AB 上で交わることを示せ．ただし，XY で線分 XY の長さを表すものとする．

2. n を 3 以上の整数とする．n 個のそれぞれ 1 色に塗られた球が円状に並んでおり，1, 2, $\cdots$, n がこの順に書き込まれている．球の色はちょうど 10 種類あり，隣りあう球は違う色である．各色について，その色の球に書き込まれた整数の総和は色によらず等しいという．このようなことのありうる最小の n を求めよ．

3. a, b を正の整数とする．

(1) 不等式

$$\min\bigl(\gcd(a,\, b+1),\ \gcd(a+1,\, b)\bigr) \leqq \frac{\sqrt{4a+4b+5}-1}{2}$$

が成立することを示せ．

(2) この不等式の等号が成立するような正の整数の組 (a, b) をすべて求めよ．

ただし，正の整数 x, y に対し，x と y の最大公約数を $\gcd(x, y)$ で表し，x と y のうち小さい数を $\min(x, y)$ で表す．なお，$x = y$ のときは $\min(x, y) = x$ とする．

4. n を 3 以上の奇数とする．$n \times n$ のマス目を使って次のようなゲームを行った．

- マスを 1 つ選び，駒を置く．
- その後，駒が置いてあるマスに縦，横，斜めに隣りあうマスの中から今まで駒が訪れていないようなマスを 1 つ選び，駒を移動させる．この操作を駒が移動できなくなるまで繰り返す．

駒が n^2 個のマスすべてを訪れていたとき，駒が縦または横に移動した回数としてありうる最小の値を求めよ．

5. $AB \neq AC$ なる三角形 ABC がある. 辺 BC の中点を M とし, 三角形 ABC の外接円における, 点 A を含む方の弧 BC の中点を N とする. N から直線 AC におろした垂線の足を H とし, 三角形 AMC の外接円と直線 CN との交点のうち C でない方を K とするとき, $\angle AKH = \angle CAM$ となることを示せ. ただし, XY で線分 XY の長さを表すものとする.

解答

1. 直線 AB に関して D と対称な点を E とする.

BD = BE と $\angle DBE = 2\angle DBA = 60°$ より, 三角形 BDE は正三角形であるので, DB = DE が成り立つ.

また, AB = AC から $\angle ABC = \angle ACB$ なので, $\angle ABD = \angle ACD$ とあわせて $\angle DBC = \angle DCB$, すなわち DB = DC とわかる. したがって, 三角形 ABD と三角形 ACD は合同であるので, $\angle BAC = 2\angle BAD$ である. 一方, $\angle EAD = 2\angle BAD$ なので, $\angle BAC = \angle EAD$ が成り立つ. AB = AC, AD = AE とあわせて三角形 ABC と三角形 AED は相似である. これと DB = DE より,

$$AC : CB = AD : DE = AD : DB$$

を得る.

ここで, 三角形 ABC は正三角形でないので, $\angle ACB$, $\angle ADB$ の二等分線は一致しないことに注意する. $\angle ACB$, $\angle ADB$ の二等分線が辺 AB とそれぞれ点 P, Q で交わるとすると,

$$AP : PB = AC : CB = AD : DB = AQ : QB$$

であるから, 2 点 P, Q は一致する. 以上より, $\angle ACB$, $\angle ADB$ の二等分線は辺 AB 上で交わることが示された.

2. 求める値が 24 であることを示す. 球をそれに書き込まれた整数で表すことにする. $n = 24$ のとき, 10 色でそれぞれ

$$\{6, 24\}, \qquad \{7, 23\}, \qquad \{8, 22\}, \qquad \{10, 20\},$$
$$\{11, 19\}, \qquad \{12, 18\}, \qquad \{13, 17\}, \qquad \{14, 16\},$$
$$\{2, 4, 9, 15\}, \qquad \{1, 3, 5, 21\}$$

を塗ればよい. これが最小であることを示す.

各色の球に書き込まれた整数の総和がそれぞれ S であるとする. S は整数であり, すべての球に書き込まれた整数の総和は $10S$ である.

一方で, 書き込まれた整数の総和は $\dfrac{n(n+1)}{2}$ であるから, $\dfrac{n(n+1)}{2} = 10S$ よ

り $n(n+1)$ は 20 の倍数である．したがって，n を 4 で割った余りは 0 または 3 であり，n を 5 で割った余りは 0 または 4 であるから，n を 20 で割った余りは 0, 4, 15, 19 のいずれかである．

ある色についてその色の球が 1 つしかないとすると，その球に書き込まれた整数は S であるはずだから，このような色は 1 色のみ．よって $n \geqq 1 + 2 \times 9 = 19$ である．特に $n = 19$ のときこのような色が存在し，ほかの色についてはその色の球は 2 つである．

$n = 19$ とすると $S = \dfrac{n(n+1)}{20} = 19$ であり，9 と 10 は同じ色であることになるため条件をみたさない．

$n = 20$ とすると $S = 21$ であり，20 と 1 は同じ色であることになるため条件をみたさない．

以上より，答は 24 である．

3. $M = \gcd(a, b+1), N = \gcd(a+1, b)$ とする．

(1) a と b の対称性より $M \leqq N$ の場合のみ考えればよい．a と $b+1$ は M の倍数で b と $a+1$ は N の倍数であるから，ab と $(b+1)(a+1)$ は MN の倍数である．したがって，

$$(b+1)(a+1) - ab = a + b + 1$$

も MN の倍数であるから，$a + b + 1 \geqq MN$ である．

$$(\text{左辺}) = M, \quad (\text{右辺}) \geqq \frac{\sqrt{4+4+5} - 1}{2} > 1$$

より $M = 1$ のときは不等式が成立する (等号は成立しない)．

$M = N$ のとき，a と $a+1$ は M の倍数であるから，$1 = (a+1) - a$ も M の倍数である．したがって，このときは $M = 1$ の場合に帰着される．

以下，$2 \leqq M$ かつ $M \neq N$ とする．このとき $M + 1 \leqq N$ である．$MN \leqq a + b + 1$ を用いると，

$$(2M+1)^2 = 4M(M+1) + 1 \leqq 4MN + 1 \leqq 4a + 4b + 5$$

となり，

$$(\text{左辺}) = M = \frac{\sqrt{(2M+1)^2 - 1}}{2} \leqq (\text{右辺})$$

が成立する (等号成立条件は $N = M+1$, $MN = a+b+1$). よって，題意が示された.

(2) まず，$M \leqq N$ の場合について考える．(1) で求めた等号成立条件より $2 \leqq M$, $N = M+1$, $MN = a+b+1$ である．a は M の倍数であるから $a-M$ は M の倍数で，$a+1$ は $M+1$ の倍数であるから $a-M$ は $M+1$ の倍数である．M と $M+1$ は互いに素であるから，$a-M$ は $M(M+1)$ の倍数である．

$$0 \leqq a - M < a+b+1 = MN = M(M+1)$$

より $a-M = 0$ であるから，$a = M$ である．また，$b = MN - a - 1 = M^2 - 1$ である．逆に，2 以上の整数 n を用いて $(a,b) = (n, n^2-1)$ と表されるとき，(左辺) = (右辺) = n であるから，不等式の等号が成立する．

　よって，$M \geqq N$ の場合もあわせると，答は

$$(a,b) = (n, n^2-1), \ (n^2-1, n) \quad (n \text{ は } 2 \text{ 以上の整数})$$

である．

4. (i, j) で上から i 行目，左から j 列目のマスをさすものとする．(x, y) について x, y がともに奇数となるようなマスの数は，n 以下の正の奇数が $\dfrac{n+1}{2}$ 個であることをふまえ，$\dfrac{(n+1)^2}{4}$ 個である．これらのマスを A とする．また x, y がともに偶数となるようなマスの数は，奇数のときと同様にして $\dfrac{(n-1)^2}{4}$ 個であるとわかる．これらのマスを B とする．ここで，最初と最後を除く各マスへの出入りはちょうど 2 回なので，A のマスへの出入りは少なくとも

$$\frac{(n+1)^2}{4} \times 2 - 2 = \frac{n^2 + 2n - 3}{2} \ (\text{回})$$

である．一方で，B のマスへの出入りは高々 $\dfrac{(n-1)^2}{2}$ 回である．したがって，A のマスに斜めに出入りするとき，B のマスに出入りすることに注意すると，A のマスに斜めに出入りすることは高々 $\dfrac{(n-1)^2}{2}$ 回しかできない．よって，A の

マスへの出入りのときに駒を縦または横に動かすことが少なくとも

$$\frac{n^2 + 2n - 3}{2} - \frac{(n-1)^2}{2} = 2n - 2 \text{ (回)}$$

必要であるとわかる.

　次に, 駒の縦または横の移動が $2n-2$ 回であるような駒の動かし方が存在することを示す. 外周の $4n-4$ マスを C とする. 駒を $(1, 1)$ に置き, はじめに $(1, 2)$ に動かす. その後, 以下の手順に従って駒を動かす.

- 右上または左下のマスに動かせるときは, そのマスに駒を動かす.
- そうでないときは, 縦または横に移動することで C のマスに駒を動かす.

このように操作を行うと, 2 つ目の操作はちょうど $2n-3$ 回行われるので, 縦または横の移動があわせて $2n-2$ 回行われる. したがって答は $2n-2$ 回である.

5.　A, B, C, N が同一円周上にあることより, $\angle \text{ANK} = \angle \text{ABM}$ であり, A, M, C, K が同一円周上にあることより, $\angle \text{AKN} = \angle \text{AMB}$ となる. よって, 三角形 ABM と三角形 ANK が相似とわかる.

　ここで, B から直線 AN におろした垂線の足を L とすると, A, B, C, N が同一円周上にあることと点 N のとり方により, $\angle \text{BAL} = \angle \text{NCB} = \angle \text{NBC} = \angle \text{NAH}$ となるから, $\angle \text{BLA} = \angle \text{NHA} = 90°$ より, 三角形 ALB と三角形 AHN が相似とわかる. よって, 三角形 ABM と三角形 ANK, および, 三角形 ALB と三角形 AHN が相似であるから, 四角形 ALBM と四角形 AHNK が相似であることがわかる. 特に $\angle \text{AKH} = \angle \text{AML}$ である.

　ここで, 直線 AL 上に点 P を, L が AP の中点になるようにとると, $\text{AL} = \text{PL}$ かつ $\text{AP} \perp \text{BL}$ より, 直線 BL は線分 AP の垂直二等分線となり, 特に $\text{BA} = \text{BP}$ となる. よって, $\angle \text{BPA} = \angle \text{BAP} = \angle \text{NAH}$ となり $\text{AC} \parallel \text{PB}$ がわかる. L が AP の中点であり, M が BC の中点であることに注意すれば, 辺 AB の中点を Q としたとき, 中点連結定理より $\text{LQ} \parallel \text{PB} \parallel \text{AC} \parallel \text{QM}$ となる. よって, L, Q, M が同一直線上にあり, かつ $\text{LM} \parallel \text{AC}$ であることがわかる. よって, $\angle \text{AML} = \angle \text{CAM}$ であるから, $\angle \text{AKH} = \angle \text{AML}$ より $\angle \text{AKH} = \angle \text{CAM}$ となる. よって示された.

第18回日本ジュニア数学オリンピック(2020)

予選問題

1. 直角三角形 ABC と正方形が図のように重なっている．図に書き込まれている 3 つの数は，それぞれ斜線で塗られた 3 つの直角三角形の面積を表している．このとき，$\dfrac{\text{AB}}{\text{AC}}$ を求めよ．ただし，XY で線分 XY の長さを表すものとする．

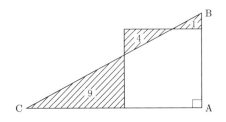

2. a, b を正の整数とする．a 以上 b 以下の整数をすべて足すと 2020 であるような (a, b) の組のうち，a が最も小さいものを求めよ．

3. 正の整数であって，一の位が 0 でなく，一の位から逆の順番で読んでも元の数と等しいものを**回文数**とよぶ．10000 以下の正の整数のうち，11 の倍数であるような回文数はいくつあるか．

4. 一辺の長さが 1 の正方形 4 つからなる図形が，直角二等辺三角形に図のように内接しているとき，その直角二等辺三角形の面積を求めよ．

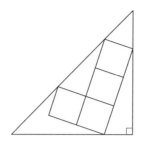

5. AB = CD = 7, DA = 6, ∠B = 72°, ∠C = 48° をみたす凸四角形 ABCD があ
る．対角線 AC, BD の中点をそれぞれ P, Q とするとき，線分 PQ の長さを求
めよ．

　　ただし，XY で線分 XY の長さを表すものとする．

6. 一辺の長さが 5 の立方体の 8 つの隅から一辺の長さが 1 の立方体を取り除い
た図形 Q を考える．また一辺の長さが 1 の立方体 4 個からなる図のようなブ
ロック L と一辺の長さが 1 の立方体がいくつかある．

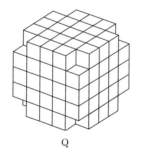

Q

L

　　L と一辺の長さが 1 の立方体いくつかを貼りあわせて Q を作るとき，用いる
L の個数としてありうる最大の値を求めよ．

7. 一辺の長さが 1 の小正方形を，それぞれ 3
個および 5 個組みあわせてできた図のような
タイル L および X が，それぞれ 12 枚および
4 枚ある．

L

X

図の塗りつぶされた部分のなす小正方形56個からなる図形に，これらのタイルをマス目にそって重ならないように置いて全体を覆う．

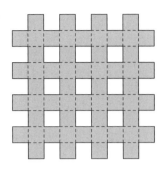

このようなタイルの置き方は何通りあるか．ただし，タイルは回転したり裏返したりしてもよいが，盤面を回転したり裏返したりして一致する置き方は区別して数える．

8. 正の整数の組 (l, m, n) であって
$$l^2 + mn = m^2 + ln, \qquad n^2 + lm = 2020, \qquad l \le m \le n$$
となるものをすべて求めよ．

9. 一辺の長さが 1 の正六角形の形をした盤面がある．盤面を図のように一辺の長さ $\frac{1}{2}$ の正三角形に分割したとき，図において ○ で示されている 19 個の点を良い点とよぶ．

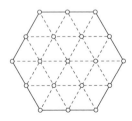

3 辺の長さが $\frac{1}{2}$, $\frac{\sqrt{3}}{2}$, 1 であるような直角三角形の形をしたタイルが 12 枚

あり，盤面に重ならないように置いて全体を覆う．このようなタイルの置き方のうち，次の 2 つの条件をみたすものは何通りあるか．

（ⅰ）　置かれたタイルの頂点はすべて，良い点に重なっている．

（ⅱ）　ちょうど 2 枚のタイルからなる一辺の長さが 1 の正三角形が現れない．

　　　ただし，タイルは回転したり裏返したりしてもよいが，盤面を回転したり裏返したりして一致する置き方は区別して数える．

10. 各辺の長さが整数である三角形 ABC の辺 BC 上に相異なる 2 点 D, E がある．点 B, D, E, C はこの順に並んでおり，BD = 4, EC = 7 をみたす．点 D, E を通り辺 AB と辺 AC に接する円が存在するとき，三角形 ABC の 3 辺の長さの和としてありうる最小の値を求めよ．

　　　ただし，XY で線分 XY の長さを表すものとする．

11. 8 × 8 のマス目があり，各マスには片面が白色，もう一方の面が黒色のコインが 1 枚ずつ置いてある．いずれのコインも白色の面が表になっている状態から始めて，A さんと B さんが以下の操作を 2020 回行う．

　　　まず，A さんが相異なる 8 つのマスを選び，それらのマスに置かれている 8 枚のコインをすべて裏返す．次に，B さんが行または列を 1 つ選び，その行または列に置かれている 8 枚のコインをすべて裏返す．

　　　このとき，以下の条件をみたす最大の非負整数 k を求めよ．

　　　A さんは B さんの行動にかかわらず，2020 回の操作が終わったときに黒色の面が表になっているコインを k 枚以上にできる．

12. $1 \leqq a < b < c < d \leqq 9$ をみたす正の整数の組 (a, b, c, d) であって次の条件をみたすものをすべて求めよ．

　　　a, b, c, d を 1 つずつ並べてできる 4 桁の整数 24 個はどれも 7 の倍数でない．

解答

1. $\boxed{\dfrac{3}{5}}$

図のように点 D, E, F, G, H を定める.

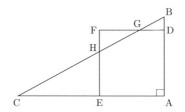

三角形 ABC, DBG, FHG, EHC は互いに相似な直角三角形である. 面積比は相似比の2乗であるから, DB = x, DG = y とおくと FH = $2x$, FG = $2y$, EH = $3x$, EC = $3y$ である. したがって,

$$EF = EH + HF = 3x + 2x = 5x$$

$$DF = DG + GF = y + 2y = 3y$$

となる. EF = DF なので $5x = 3y$ となり, $\dfrac{x}{y} = \dfrac{3}{5}$ がわかる.

よって $\dfrac{AB}{AC} = \dfrac{DB}{DG} = \dfrac{x}{y} = \mathbf{\dfrac{3}{5}}$ を得る.

2. $\boxed{(31,\ 70)}$

条件より $\dfrac{(a+b)(b-a+1)}{2} = 2020$ である. $p = a+b$, $q = b-a+1$ とすると, p, q は積が 4040 で $p > q$ であり, 偶奇の異なる2数となる. このような (p, q) の組は $(4040, 1)$, $(808, 5)$, $(505, 8)$, $(101, 40)$ があり, $2a = p - q + 1$ と表せることから, a が最小となるのは $(p, q) = (101, 40)$ のときである. このとき $(a, b) = \mathbf{(31,\ 70)}$ となる.

3. $\boxed{107\ 個}$

桁数で場合分けして考える.

- 1 桁の正の整数は 11 の倍数でないので，条件をみたす整数は存在しない．

- 2 桁の正の整数 n が回文数であるとき，一の位を a とすると，十の位は a である．このとき $n = 10a + a = 11a$ であり，n は 11 の倍数である．よって条件をみたす整数は 9 個ある．

- 3 桁の正の整数 n が回文数であるとき，一の位を a，十の位を b とすると，百の位は a である．このとき $n = 100a + 10b + a = 11(9a + b) + (2a - b)$ であるから，n が 11 の倍数であることと $2a - b$ が 11 の倍数であることは同値である．このような (a, b) の組は

$$(1, 2), \ (2, 4), \ (3, 6), \ (4, 8), \ (6, 1), \ (7, 3), \ (8, 5), \ (9, 7)$$

  の 8 組あるので，条件をみたす整数は 8 個ある．

- 4 桁の正の整数 n が回文数であるとき，一の位を a，十の位を b とすると，百の位は b，千の位は a である．このとき $n = 1000a + 100b + 10b + a = 11(91a + 10b)$ であり，n は 11 の倍数である．よって条件をみたす整数は $9 \cdot 10 = 90$ 個ある．

- 10000 は回文数でないので，条件をみたさない．

以上より，条件をみたす整数は $0 + 9 + 8 + 90 + 0 = \mathbf{107}$ 個ある．

4. $\boxed{\dfrac{169}{20}}$

XY で線分 XY の長さを表すものとする．

与えられた一辺の長さが 1 の正方形 4 つからなる図形が六角形 OPQRST となるように，図のように点 O, P, Q, R, S, T を定める．

六角形 OPQRST にさらに一辺の長さが 1 の正方形を図のようにつけ加え，点 B, D を定める．このとき，B は直線 QS 上にあり，三角形 OBS は直角二等辺三角形である．点 P から直線 BO におろした垂線の足を C とおき，直線 PC と直線 QS の交点を A とおく．

$\angle \mathrm{BSO} = 90° = \angle \mathrm{BCA}$ であり，$\angle \mathrm{SBO} = \angle \mathrm{CBA}$ なので，三角形 OBS と三角形 ABC は相似である．よって，三角形 ABC は与えられた直角二等辺三角形で

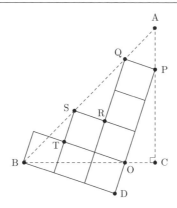

ある.

三平方の定理から $BO = \sqrt{1^2 + 3^2} = \sqrt{10}$ である. また,

$$\angle BOD = \angle POC, \qquad \angle BDO = 90° = \angle PCO$$

から三角形 BOD と三角形 POC は相似なので,

$$OC = OD \cdot \frac{OP}{OB} = 1 \cdot \frac{3}{\sqrt{10}} = \frac{3}{\sqrt{10}}$$

と求まる. よって三角形 ABC の面積は

$$\frac{BC^2}{2} = \frac{(BO + OC)^2}{2} = \frac{1}{2}\left(\sqrt{10} + \frac{3}{\sqrt{10}}\right)^2 = \frac{\mathbf{169}}{\mathbf{20}}$$

である.

5. $\boxed{\dfrac{7}{2}}$

辺 BC の中点を R とする. 中点連結定理より

$$\angle PRC = \angle ABC = 72°, \qquad RP = \frac{BA}{2} = \frac{7}{2}$$

である. 同様に $\angle BRQ = 48°$, $RQ = \dfrac{7}{2}$ である. よって

$$\angle PRQ = 180° - \angle BRQ - \angle PRC = 60°$$

が成り立つので, 三角形 PQR は一辺の長さが $\dfrac{7}{2}$ の正三角形となる. よって求める長さは $\dfrac{7}{2}$ である.

6. ⎹ 27 個 ⎸

以下，一辺の長さが 1, 5 の立方体を，それぞれ**小立方体**，**大立方体**とよぶことにする．

大立方体を $5^3 = 125$ 個の小立方体からなる図形とみなし，同じ色の小立方体が隣りあうことがないように，すべての小立方体を白または黒に塗る．ただし，大立方体の 8 つの隅にある小立方体は黒で塗ることとする．Q をこの大立方体から 8 つの隅にある小立方体を取り除いた図形とみなしたとき，Q には黒い小立方体が 55 個含まれている．Q が L と小立方体いくつかを貼りあわせて作られているとする．このとき，どの L も黒い立方体を 2 個含む．$2 \cdot 28 > 55$ であるから，L は高々 27 個しか用いられていない．

27 個の L と 9 個の小立方体を貼りあわせて Q を作ることができることを示す．まず，26 個の L と 9 個の小立方体を貼りあわせて，図のような厚さ 1 の図形 5 つを作る．ただし，斜線部には L も小立方体もないものとする．

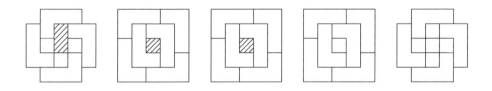

これらを左から順に積み重ね，貼りあわせる．さらに，斜線部に対応する部分に L をもう 1 つ貼りあわせることで Q が得られる．

よって，答は **27 個**である．

7. ⎹ 24 通り ⎸

L と X に対して，図のように 1 マスに斜線を引く．

　盤面にも図のように 16 マスに斜線を引くと，タイルを置くときにはタイルの
斜線部は盤面の斜線部に重なる．

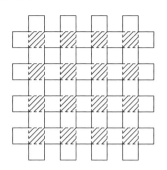

　タイルの敷き詰め方に対して，斜線の引かれた 16 マスのうち，X に覆われて
いるものに駒を置くことを考える．斜線が引かれているマスが 4 個ある行には
斜線が引かれていないマスが 5 個ある．その行に L の斜線が引かれているマス
を置くと，L はその行の斜線が引かれていないマスを 1 個覆い，X を置くと 2 個
覆う．よって 1 つの行に置かれている駒の数は 1 個である．

　列についても同様であるから，各行各列に駒は 1 個ずつ置かれる．

　逆に，16 マスのうち各行各列に 1 個ずつあるように 4 個の駒を置くと，駒の
置かれたマスを X が覆うようなタイルの敷き詰め方がただ 1 つ存在する．

　よって，答はそのような駒の置き方の数で，$4! = \mathbf{24}$ 通りである．

8. $\boxed{(16,\ 16,\ 42),\ (24,\ 24,\ 38),\ (2,\ 42,\ 44)}$

　1 つ目の式の右辺を左辺に移項すると $(l^2 - m^2) + (mn - ln) = 0$ となる．左
辺を因数分解すれば $(l-m)(l+m-n) = 0$ となるから，1 つ目の式をみたすこ
とは $l = m$ または $n = l + m$ であることと同値である．以下，場合分けをする．

(1)　$l = m$ の場合．

　　$l = m$ を 2 つ目の式へ代入すると $n^2 + m^2 = 2020$ となる．正の整数 k を 4 で
　　割った余りが 0, 1, 2, 3 のとき，k^2 を 8 で割った余りはそれぞれ 0, 1, 4, 1
　　である．$n^2 + m^2 = 2020$ を 8 で割った余りは 4 であるから，n, m のうち
　　一方は 4 の倍数であり，もう一方は 4 で割った余りが 2 である．正の整数 s

と非負整数 t を用いてそれぞれ $4s$, $4t+2$ とおけば,

$$16\big(s^2+t(t+1)\big) = (4s)^2+(4t+2)^2-4 = n^2+m^2-4 = 2020-4 = 2016$$

より $s^2 + t(t+1) = 126$ となる. s^2 と $t(t+1)$ のいずれかは 63 以上 126 以下であることに注意すれば, $s = 8, 9, 10, 11$ または $t = 8, 9, 10$ の場合を調べればよいとわかる.

結局 $(s,t) = (6,9), (4,10)$ となり, $l = m \leqq n$ であったから, $(l,m,n) = (24,24,38), (16,16,42)$ となる. これらは実際条件をみたす.

(2)　$n = l + m$ の場合.

$n = l+m$ を 2 つ目の式へ代入して $l^2 + m^2 + 3lm = 2020$ となる. l, m の偶奇で場合分けすれば l も m もともに偶数であることがわかる. また, 正の整数 k を 3 で割った余りが 0, 1, 2 のとき, k^2 を 3 で割った余りはそれぞれ 0, 1, 1 である. $l^2 + m^2 + 3lm = 2020$ を 3 で割った余りは 1 であるから, l, m の一方は 3 の倍数で, もう一方は 3 の倍数でない.

偶奇の議論と合わせれば, l, m の一方は 6 の倍数で, もう一方は 3 の倍数でない偶数となる.

正の整数 s, t を用いてそれぞれ $6s$, $2t$ とおけば,

$$4(9s^2 + t^2 + 9st) = (6s)^2 + (2t)^2 + 3 \cdot 6s \cdot 2t = l^2 + m^2 + 3lm = 2020$$

より $9s^2+t^2+9st = 505$ となる. よって t^2 を 9 で割った余りは 1 であるから, t を 9 で割った余りは 1 または 8 である. また $t^2 + 9t \leqq 9s^2 + t^2 + 9st = 505$ より $t \leqq 18$ である.

したがって $t = 1, 8, 10, 17$ の場合を調べればよい. 結局 $(s,t) = (7,1)$ となり, $l \leqq m, n = l+m$ であったから, $(l,m,n) = (2,42,44)$ となる. これは実際条件をみたす.

以上より, 答は $(l,m,n) = \boldsymbol{(16, 16, 42)}, \boldsymbol{(24, 24, 38)}, \boldsymbol{(2, 42, 44)}$ である.

9.　22 通り

条件をみたすように盤面が敷き詰められているとき, 各タイルの長さ $\dfrac{\sqrt{3}}{2}$ の辺は他のタイルの長さ $\dfrac{\sqrt{3}}{2}$ の辺にもなっている. 長さ $\dfrac{\sqrt{3}}{2}$ の辺を共有している

2 枚のタイルが直角の頂点を共有していると，その 2 枚のタイルは正三角形をなし，条件をみたさない．

したがって，このような 2 枚のタイルは，隣りあう 2 辺の長さが $\frac{1}{2}$, 1 であり，それらのなす角が $60°$ または $120°$ であるような平行四辺形をなす．

以降，タイル 2 枚からできるこのような平行四辺形を**ピース**とよぶ．ピース 6 枚で盤面を敷き詰めたとき (ii) をみたすので，この場合の数が求める値である．

あるピースの頂点が盤面の中心に一致するかどうかで場合分けをする．

- あるピースの頂点が盤面の中心に一致するとき，角が $60°$ の頂点が盤面の中心に一致することはないから，次の図のどちらかのように盤面は分割される．

　　盤面の 3 つの (†) の部分について，ピースの置き方はそれぞれ 2 通りずつあるので，このとき置き方は $2 \cdot 2^3 = 16$ 通りである．

- どのピースの頂点も盤面の中心と一致しないとき，盤面の中心は 2 枚のピースの長さ 1 の辺の中点に一致している．その 2 枚のピースは一辺の長さが 1 のひし形をなしている必要があるので，次の図のいずれかのように盤面は分割される．

(†) の部分について，ピースの置き方は 2 通りあるので，このとき置き方は $3 \cdot 2 = 6$ 通りである．

以上より，答は $16 + 6 = \mathbf{22}$ 通りである．

10. 66

線分 DE の長さを x とおく. $x = \mathrm{BC} - \mathrm{BD} - \mathrm{EC}$ なので,条件より x は正の整数である. 点 D, E を通り辺 AB, AC に接する円の辺 AB, AC との接点をそれぞれ F, G とおく. このとき線分 BF の長さを y, CG の長さを z とおくと,方べきの定理より

$$y^2 = 4(4 + x), \qquad z^2 = 7(7 + x)$$

が成り立つ. よって y^2, z^2 は整数である.

$y^2 < z^2$ であり,y, z はともに正なので,$y < z$ とわかる. $\ell = z - y$ とおくと方べきの定理より $\mathrm{AF} = \mathrm{AG}$ が成り立つので

$$\ell = z - y = \mathrm{GC} - \mathrm{FB} = \mathrm{AC} - \mathrm{AB}$$

であり,ℓ は正の整数となる.

$$y^2 = (z - \ell)^2 = z^2 + \ell^2 - 2z\ell$$

が成り立つことから $z = \dfrac{z^2 + \ell^2 - y^2}{2\ell}$,特に z は有理数とわかる. よって互いに素な正の整数の組 (p, q) で $z = \dfrac{p}{q}$ をみたすものをとることができる. この式の両辺を 2 乗して q^2 を掛けると $z^2 q^2 = p^2$ となる. z^2 は整数であるので q^2 は p^2 を割りきるが,q と p は互いに素であるので $q = 1$ とわかる. よって $z = p$ であり,z は整数であるとわかる.

$z^2 = 7(7 + x)$ より z は 7 の倍数なので,ある正の整数 u を用いて $z = 7u$ とおける. このとき $7u^2 = 7 + x$ となるので $x = 7(u^2 - 1)$ を得る. x が正であることから u は 1 ではなく,また u は正の整数であるので,$x \geqq 7(2^2 - 1) = 21$ を得る.

$x = 21$ のとき,

$$y = \sqrt{4(4 + x)} = 10, \qquad z = \sqrt{7(7 + x)} = 14$$

といえる. また線分 AF の長さを v とおくと,$\mathrm{AG} = \mathrm{AF} = v$ であるので

$$\mathrm{AB} + \mathrm{AC} = (v + y) + (v + z) = 2v + 24$$

となる. これと三角不等式より $2v + 24 > \mathrm{BC} = 4 + 21 + 7 = 32$ である. ここ

で v は整数なので $v \geqq 5$ といえる. よって

$$AB + BC + CA = 2v + 24 + 32 \geqq 10 + 56 = 66$$

とわかり, 特に $v = 5$ のとき三角形 ABC は三辺の長さの和が 66 となり, この
とき問題の条件をみたす.

$x \geqq 22$ のとき, 三角不等式より

$$AB + BC + CA > 2BC \geqq 2(4 + 22 + 7) = 66$$

が成り立つ. 以上より, 答は **66** である.

11.   50

　マス目の左上と右下を結ぶ対角線上にある 8 つ以外のマスに置かれている 56
枚のコインを対角線上にないコインと呼ぶことにする. また, 以下では i を 1 以
上 2020 以下の整数とする.

　まず答が 50 以上であることを示す. i 回目の操作の後, 黒色の面が表になっ
ている対角線上にないコインの枚数を x_i で表すことにする. また, $x_0 = 0$ とす
る. ここで次の補題を示す.

補題　$x_{i-1} \leqq 48$ ならば, A さんは B さんの行動にかかわらず, $x_i \geqq x_{i-1} + 1$
とできる.

証明　$x_{i-1} \leqq 48$ より, $i - 1$ 回目の操作の後, 白色の面が表になっている対角線
上にないコインが 8 枚以上ある. A さんはそのうちの 8 枚を選んで裏返せばよ
い. 実際, B さんが行動する前の黒色の面が表になっている対角線上にないコイ
ンの枚数は $x_{i-1} + 8$ 枚となり, B さんがどの行または列を選んだとしてもその
行または列にある対角線上にないコインは 7 枚だから,

$$x_i \geqq x_{i-1} + 8 - 7 = x_{i-1} + 1$$

となる. ∎

　補題を繰り返し用いることで, A さんは B さんの行動にかかわらず, ある 49
以下の正の整数 j について $x_j \geqq 49$ とできることがわかる. また, 1 以上 2020
以下の整数 i について $x_{i-1} \geqq 49$ のときは, A さんは i 回目の操作における行動

で対角線上にないコインがすべて黒色の面を表とするようにコインを裏返すことができる.

このとき, 補題の証明と同様に議論して

$$x_i \geqq 56 - 7 = 49$$

となる. 以上より, A さんは B さんの行動にかかわらず

$$x_{2020} \geqq 49$$

とすることができる. ここで, 1 回の操作でコインが裏返される回数は偶数だから, 操作の前と後では黒色の面が表になっているコインの枚数の偶奇は変わらない. したがって, 2020 回の操作が終わったときに黒色の面が表になっているコインは偶数枚であるから, A さんは B さんの行動にかかわらず, そのようなコインの枚数を 50 以上にできることがわかる.

次に, 非負整数 k が条件をみたすとき, $k \leqq 50$ となることを示す.

i 回目の操作の後, 黒色の面が表になっているコインの枚数を y_i で表すことにする. B さんは A さんの行動にかかわらず, $y_i \leqq 50$ とできることを i に関する帰納法を用いて示す.

$y_0 = 0$ であるから, $i = 1$ のとき $y_{i-1} \leqq 50$ である.

$y_{i-1} \leqq 50$ のとき, i 回目の操作で B さんが行動する直前に黒色の面が表になっているコインは 58 枚以下である. このとき, 左から j 列目 $(j = 1, 2, \cdots, 8)$ にある黒色の面が表になっているコインの枚数を b_j とする. $b_1 \leqq b_2 \leqq \cdots \leqq b_8$ が成り立つと仮定して一般性を失わない.

$b_8 = 8$ のとき, B さんは左から 8 列目を選ぶことで $y_i \leqq 50$ とすることができる.

$b_8 \leqq 7$ のときも, 左から 8 列目を選ぶことで,

$$y_i \leqq b_1 + b_2 + \cdots + b_7 + (8 - b_8)$$
$$= b_1 + b_2 + \cdots + b_6 + 8 + (b_7 - b_8) \leqq 7 \cdot 6 + 8 = 50$$

とすることができる. したがって, B さんは A さんの行動にかかわらず $y_{2020} \leqq 50$ とできることが示された.

以上より, 答は **50** である.

12. $\boxed{(1,\,2,\,3,\,8),\ (1,\,3,\,8,\,9),\ (2,\,4,\,6,\,9)}$

a, b, c, d を 1 つずつ並べてできる 4 桁の整数を a, b, c, d の並べ替えとよび，b, c, d を 1 つずつ並べてできる 3 桁の整数を b, c, d の並べ替えとよぶことにする．また，1 以上 9 以下の整数 x, y, z, w に対して，千の位が x，百の位が y，十の位が z，一の位が w である 4 桁の正の整数を $\overline{xyzw}$，百の位が y，十の位が z，一の位が w である 3 桁の正の整数を $\overline{yzw}$ で表すことにする．

さらに，整数 x, y に対して，$x - y$ が 7 で割りきれることを $x \equiv y$，割りきれないことを $x \not\equiv y$ と書くことにする．

3 つの補題を示す．

整数 x, y, z が $x + y \equiv 2z$，$y + z \equiv 2x$，$z + x \equiv 2y$ のいずれかをみたすとき組 (x, y, z) は等差であるといい，そうでないとき等差でないということにする．

補題 1 b, c, d を相異なる 1 以上 7 以下の整数とする．(b, c, d) が等差でないとき，6 個ある b, c, d の並べ替えを 7 で割った余りはすべて異なる．

$\boxed{\text{証明}}$ 前半は対称性より

$$\overline{bcd} \not\equiv \overline{bdc}, \quad \overline{bcd} \not\equiv \overline{dcb}, \quad \overline{bcd} \not\equiv \overline{cbd}, \quad \overline{bcd} \not\equiv \overline{cdb}$$

を示せばよい．

$$\overline{bcd} - \overline{bdc} = (100b + 10c + d) - (100b + 10d + c) = 10c + d - 10d - c = 9(c - d)$$

であり，c, d は 1 以上 7 以下で $c \neq d$ であるから 1 つ目は成立する．$100 - 1 = 99$ と $100 - 10 = 90$ も 7 と互いに素だから，2 つ目と 3 つ目も同様に成立する．また，

$$\overline{bcd} - \overline{cdb} = (100b + 10c + d) - (100c + 10d + b)$$
$$= 99b - 90c - 9d = 7(14b - 13c - d) + (b + c - 2d)$$

である．b, c, d は等差でないから $b + c - 2d$ は 7 の倍数でない．したがって，$\overline{bcd} - \overline{cdb}$ も 7 の倍数でないから，$\overline{bcd} \not\equiv \overline{cdb}$ も成立する．■

補題 2 a を 1 以上 7 以下の整数，b, c, d を (b, c, d) が等差でないような相異なる 1 以上 7 以下の整数とする．また，e を b, c, d の並べ替えのいずれとも 7 で割った余りが一致しない 1 以上 7 以下の整数とする．$a \not\equiv 0$ または $e \not\equiv 0$ となる

とき，12 個ある千の位または一の位が a であるような a, b, c, d の並べ替えのいずれかは 7 の倍数である.

証明 12 個の並べ替えすべてが 7 の倍数でないと仮定して矛盾を導く. f を e と相異なる 1 以上 7 以下の整数とする. このとき，千の位が a であるような並べ替えであって，7 で割った余りが $1000a + f$ と等しいものが存在する.

$$1000a + 1, \quad 1000a + 2, \quad \cdots, \quad 1000a + 7$$

には 7 の倍数がちょうど 1 つ含まれているから，

$$1000a + e \equiv 6a + e \equiv 0$$

でなければならない. 同様に，一の位が a であるような並べ替えであって，7 で割った余りが $10f + a$ と等しいものが存在するから，

$$10e + a \equiv a + 3e \equiv 0$$

でなければならない.

$17a \equiv 3 \cdot (6a + e) - (a + 3e) \equiv 0$ より，$a \equiv 0$ である. 同様に，$e \equiv 0$ もわかるが，これは $a \not\equiv 0$ または $e \not\equiv 0$ という条件に反する. ■

補題 3 a, b, c, d を 1 以上 7 以下の相異なる整数とする. このとき，7 の倍数であるような a, b, c, d の並べ替えが存在する.

証明 2 つに場合分けして考える.

(1)　a, b, c, d がいずれも 7 の倍数でない場合.

a, b, c, d からなる等差でない整数の 3 つ組が存在すれば，補題 2 を適用して主張を得る. いま，$(1, 2, 6)$ は等差でない整数の 3 つ組であり，それぞれに 7 と互いに素な整数を掛けても等差でないから，

$$(1, 2, 6), \quad (2, 4, 5), \quad (3, 6, 4), \quad (4, 1, 3), \quad (5, 3, 2), \quad (6, 5, 1) \qquad (*)$$

はすべて等差でない. 1 以上 6 以下の整数はそれぞれ 3 回ずつ現れており，どの 1 以上 6 以下の整数 2 つの組 (x, y) についても x と y を含む整数の 3 つ組が $(*)$ に含まれている. したがって，$(*)$ には a, b, c, d のみからなる整数の 3 つ組が少なくとも $6 - 2 \cdot 3 + 1 = 1$ 個含まれている.

(2)　a, b, c, d のいずれかが 7 である場合.

　　$a = 7$, $b < c < d$ と仮定しても一般性を失わない.

　　$(7, b, c)$, $(7, b, d)$, $(7, c, d)$ のいずれかが等差でないことを示せば, 補題 2 を適用して主張を得る. したがって, $(7, b, c)$, $(7, b, d)$, $(7, c, d)$ がいずれも等差であると仮定してよい. 相異なる 1 以上 6 以下の整数の組 (x, y) であって, $(7, x, y)$ が等差であるようなものは

$$(1, 2),\quad (2, 4),\quad (3, 6),\quad (4, 1),\quad (5, 3),\quad (6, 5),\quad (1, 6),\quad (2, 5),\quad (3, 4)$$

である. (b, c), (b, d), (c, d) がすべてこの 9 つに含まれるためには

$$(b, c, d) = (1, 2, 4),\quad (3, 5, 6)$$

のいずれかでなければならない. このとき, それぞれ 4172, 5376 が 7 の倍数となるから主張を得る.

　　以上より, 補題 3 が証明された. ∎

　　さて, 7 の倍数であるような a, b, c, d の並べ替えが存在するか否かには a, b, c, d を 7 で割った余りしか関係ないから, a, b, c, d を 7 で割った余りが相異なる場合には, 補題 3 より a, b, c, d の並べ替えのいずれかは 7 の倍数である. したがって, $a < b < c < d$ という条件は一旦無視することにすると, $(a, b) = (1, 8)$ の場合と, $(a, b) = (2, 9)$ の場合のみを考えればよい. さらに, 2198 が 7 の倍数であるから, c と d を 7 で割った余りは相異なるとしてよい.

(1)　$(a, b) = (1, 8)$ の場合.

　　(b, c, d) が等差でないとき, 補題 2 より 7 の倍数であるような a, b, c, d の並べ替えが存在する. (b, c, d) が等差となるとき, 必要に応じて c と d を入れ替えることで, $c \equiv 1 + s$, $d \equiv 1 + 2s$ となる 1 以上 6 以下の整数 s か $c \equiv 1 + t$, $d \equiv 1 - t$ となる 1 以上 6 以下の整数 t がとれる.

　　条件をみたす s がとれるとき,

$$\overline{abdc} \equiv 1111 + 21s \equiv 5, \qquad \overline{acdb} \equiv 1111 + 120s \equiv 5 + s,$$

$$\overline{cdab} \equiv 1111 + 1200s \equiv 5 + 3s, \qquad \overline{acbd} \equiv 1111 + 102s \equiv 5 + 4s,$$

$$\overline{abcd} \equiv 1111 + 12s \equiv 5 + 5s, \qquad \overline{dabc} \equiv 1111 + 2001s \equiv 5 + 6s$$

となるから, 7 の倍数であるような a, b, c, d の並べ替えが存在しないならば, $5+2s \equiv 0$ となる. このとき $s \equiv 1$ であり, $(a,b,c,d) = (1,8,2,3)$, $(1,8,9,3)$ となる. これらが条件をみたすことは簡単に確かめられる.

条件をみたす t がとれるとき,

$$\overline{acbd} \equiv 1111 + 99t \equiv 5 + t, \qquad \overline{abcd} \equiv 1111 + 9t \equiv 5 + 2t,$$

$$\overline{dcab} \equiv 1111 - 900t \equiv 5 + 3t, \qquad \overline{cdab} \equiv 1111 + 900t \equiv 5 + 4t,$$

$$\overline{abdc} \equiv 1111 - 9t \equiv 5 + 5t, \qquad \overline{adbc} \equiv 1111 - 99t \equiv 5 + 6t$$

となり, $5+t$, $5+2t$, $\cdots$, $5+6t$ のいずれかは 7 の倍数であるから, 7 の倍数であるような a, b, c, d の並べ替えが存在する. つまり, この場合には条件をみたす a, b, c, d の組は存在しない.

(2) $(a,b) = (2,9)$ の場合.

7 の倍数であるような 2, 9, c, d の並べ替えが存在することと, $x \equiv 4c$, $y \equiv 4d$ となる 1 以上 7 以下の整数 x, y について 7 の倍数であるような 1, 8, x, y の並べ替えが存在することは同値である. したがって, $(a,b,c,d) = (2,9,4,6)$ のみが条件をみたすとわかる.

$a < b < c < d$ であったから, 答は

$$(a,b,c,d) = \mathbf{(1,2,3,8)}, \ \ \mathbf{(1,3,8,9)}, \ \ \mathbf{(2,4,6,9)}$$

である.

本選問題

1. 2020×2021 のマス目に，図のような L と S の 2 種類のタイル何枚かをマス目にそって重ならないように置き，全体を覆う．このとき用いる L の枚数としてありうる最小の値を求めよ．ただし，タイルを回転したり裏返したりしてもよい．

L   S

2. $AB = AC$ なる二等辺三角形 ABC がある．B から直線 AC へおろした垂線の足を H とする．線分 BH 上の点 D が $AB = 2BD$, $BC = 2CD$ をみたしているとき $\angle BCD$ の大きさを求めよ．ただし，XY で線分 XY の長さを表すものとする．

3. 正の整数の組 (a, b, c) であって，a, b, c の最小公倍数が $\dfrac{ab + bc + ca}{4}$ であるものをすべて求めよ．

4. 2020×2020 のマス目があり，各マスに高々 1 個の駒を置く．次の条件をみたすように駒を置くときに用いる駒の個数としてありうる最小の値を求めよ．

　　任意のマスについて，そのマスの斜線上にある駒が 2 個以上存在する．

ただし，上から a 行目，左から b 列目のマスにある駒が上から c 行目，左から d 列目のマスの斜線上にあるとは，$|a - c| = |b - d|$ が成り立つことである．

5. 正 2020 角形があり，頂点 $1, 2, \cdots, 2020$ が時計回りに並んでいる．また頂点の番号とは別に，各頂点に相異なる正の整数が割り当てられている．このとき，1 以上 2020 以下の整数 n であって次の条件をみたすものが存在することを示せ．

　　頂点 $n, n+1, n+2$ に割り当てられている数をそれぞれ a, b, c とするとき $a^2 + b^2 \geqq c^2 + n^2 + 3$ をみたす．

ただし，頂点 2021, 2022 とはそれぞれ頂点 1, 2 のことをさすものとする．

解答

1. 次のように左から奇数列目にある $2020 \cdot 1011$ マスを塗る.

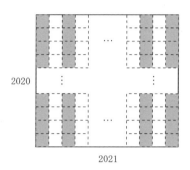

このとき, どのように L を置いてもそのタイルが覆う塗られたマスは高々 2 個である. また, どのように S を置いてもそのタイルが覆う塗られたマスは 2 個である. よって L の枚数を l とし, S の枚数を s とすると

$$3l + 4s = 2020 \cdot 2021, \qquad 2l + 2s \geqq 2020 \cdot 1011$$

が成立する. ここから $l = 2(2l + 2s) - (3l + 4s) \geqq 2020$ がわかる.

また次のようにすると, L を 2020 枚と S を $1010 \cdot 1009$ 枚でマス目全体を敷き詰めることができる.

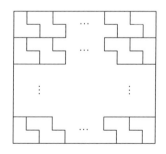

以上より答は 2020 である.

2. 直線 BC に関して D と対称な点を E とする. このとき EB = DB, BA = CA であり, さらに

$$\angle EBD = 2\angle CBD = 180° - 2\angle ACB = \angle BAC$$

となるので, 三角形 EBD と三角形 BAC は相似である.

よって DE : CB = BD : AC が成り立ち, これと AC = AB = 2BD であることから 2DE = BC がわかり, 2CD = BC とあわせて CD = DE となる.

さらに D と E は直線 BC に関して対称であることから CD = CE がわかるので, 三角形 CDE は正三角形である. よって $\angle DCE = 60°$ であり, E のとり方より $2\angle BCD = \angle DCE$ だから $\angle BCD = 30°$ である.

3. 対称性より $a \leqq b \leqq c$ として一般性を失わない. $a,\, b,\, c$ の最小公倍数を L としたとき, $4L = ab + bc + ca$ である.

L は c の倍数であり, $ab = \left(\dfrac{4L}{c} - a - b\right)c$ であるので, ab は c の倍数である. よって, ab は $a,\, b,\, c$ の公倍数となり, ab は L の倍数である.

同様に $bc,\, ca$ も L の倍数であるため, $ab = Lx,\ bc = Ly,\ ca = Lz$ となる正の整数 $x,\, y,\, z$ がとれる.

ここで $4L = ab + bc + ca$ から $x + y + z = 4$ となるが, $a \leqq b \leqq c$ より $x \leqq z \leqq y$ であるので, $x = z = 1,\ y = 2$ となる. これより $ab = ca = L,\ bc = 2L$ であり, $b = c = 2a$ とわかる. よって, $a,\, b,\, c$ の最小公倍数は $2a$ となるので, $ab = L = 2a$ より $b = 2$ となる.

このとき $(a, b, c) = (1, 2, 2)$ となるが, これは条件をみたす.

以上より, 求める組は $(a, b, c) = (1, 2, 2),\ (2, 1, 2),\ (2, 2, 1)$ である.

4. 上から a 行目, 左から b 列目のマスをマス (a, b) で表す.

まず, $1010 \leqq x \leqq 1011,\ 1 \leqq y \leqq 2020$ であるようなマス (x, y) すべてに駒を置くと条件をみたすことから, 答は 4040 以下であることがわかる.

以下, 答が 4039 以下にならないことを示す.

マス (x, y) にある駒がマス (a, b) の斜線上にあるとは,

$$x + y = a + b \quad \text{または} \quad x - y = a - b$$

をみたすことであると言い換えられる.

このとき $x+y$ と $a+b$ の偶奇は等しいから，$x+y$ と $a+b$ の偶奇が異なるときマス (x, y) にある駒がマス (a, b) の斜線上にあることはない．

まず，$x+y$ が偶数であるようなマス (x, y) であって駒が置かれているものが 2020 個以上であることを示す．

2 以上 4040 以下の偶数 k に対して，駒が置かれているマス (x, y) であって $x+y = k$ をみたすようなものの個数を a_k とする．$a_2, a_4, \cdots, a_{4040}$ がすべて 1 以上ならば，$x+y$ が偶数であるマス (x, y) に置かれている駒は 2020 個以上となる．

そうでないとき，$a_k = 0$ となる 2 以上 4040 以下の偶数 k のうち $|2021 - k|$ が最小となるものを k_s とし，$s = |2021 - k_s|$ とする．

また，$a_k \leqq 1$ となる 2 以上 4040 以下の偶数 k のうち $|2021 - k|$ が最小となるものを k_t とし，$t = |2021 - k_t|$ とする．ここで s, t は奇数である．

このとき，$|2021 - k| < s$ となる偶数 k に対しては，$a_k \geqq 1$ であり，このような k は $s - 1$ 個ある．

また，$|2021 - k| < t$ となる偶数 k に対しては，$a_k \geqq 2$ であり，このような k は $t - 1$ 個ある．

したがって，$x+y$ が偶数であるようなマス (x, y) 全体では，

$$(s - 1) + (t - 1) = s + t - 2$$

個以上の駒が置かれている．

次に，$x_s + y_s = k_s$ となるマス (x_s, y_s) を考える．

k_s のとり方より，$x+y = k_s$ となるマス (x, y) には駒が置かれていないから，$x-y = x_s - y_s$ となるマス (x, y) 全体では 2 個以上の駒が置かれている．

ここで，$x_s - y_s$ は $s - 2019$ 以上 $2019 - s$ 以下のすべての偶数を動くから，$s - 2019 \leqq k \leqq 2019 - s$ なる偶数 k それぞれに対して，駒が置かれているようなマス (x, y) であって $x-y = k$ となるものが 2 個以上存在する必要がある．

同様に，$t - 2019 \leqq k \leqq 2019 - t$ なる偶数 k それぞれに対して，駒が置かれているようなマス (x, y) であって $x-y = k$ となるものが 1 個以上存在する必要がある．

したがって，$x-y$ が偶数であるようなマス (x, y) 全体では，

$$(2020 - s) + (2020 - t) = 4040 - s - t$$

個の駒が置かれている.

　ここで, 整数 x, y に対して $x + y$ が偶数であることと $x - y$ が偶数であること
は同値だから, $x + y$ が偶数であるようなマスに置かれている駒は $4040 - s - t$
個以上である.

　また, s, t はともに奇数だから, $s + t$ は偶数である.

$$s + t \leqq 2020 \text{ のとき } 4040 - s - t \geqq 2020$$

であり,

$$s + t \geqq 2022 \text{ のとき } s + t - 2 \geqq 2020$$

であるから, いずれのときも $x + y$ が偶数であるマス (x, y) に置かれている駒は
2020 個以上となる.

　$x + y$ が奇数であるようなマスについても, マス目全体を 90° 回転させること
で偶数の場合に帰着でき, 2020 個以上必要なことがわかる.

　よって, マス目全体で 4040 個以上の駒が存在し, 求める最小の値は 4040 で
ある.

5.　頂点 n に割り当てられた整数を a_n と書くことにする. 1 以上 2020 以下の
整数 n に対してつねに

$$a_n^2 + a_{n+1}^2 \leqq a_{n+2}^2 + n^2 + 2 \tag{$*$}$$

が成り立っているとして矛盾を導けばよい.

　$(*)$ の両辺を $n = 1, 2, \cdots, 2020$ についてそれぞれ足し合わせると, 各 a_n^2 は
左辺に 2 回, 右辺に 1 回現れるので,

$$a_1^2 + a_2^2 + \cdots + a_{2020}^2 \leqq 1^2 + 2^2 + \cdots + 2020^2 + 4040$$

となる. この右辺は $1^2 + 2^2 + \cdots + 2019^2 + 2021^2$ より小さいので, $a_1, a_2, \cdots, a_{2020}$
が相異なる正の整数であることを考えると, $a_1, a_2, \cdots, a_{2020}$ は $1, 2, \cdots, 2020$
の並べ替えでなければならない.

　このとき $(*)$ の (右辺) − (左辺) はそれぞれ 0 以上で総和は 4040 なので,

$$a_{n+2}^2 + n^2 + 2 \leqq a_n^2 + a_{n+1}^2 + 4040 \tag{$**$}$$

がすべての $n = 1, 2, \cdots, 2020$ に対して成り立つ.

ここで, $a_{k+2} = 2020$ なる 1 以上 2020 以下の整数 k がとれる.

$k = 2020$ すなわち $a_2 = 2020$ とすると, (∗) で $n = 1$ とすることで $a_1^2 + 2020^2 \leqq a_3^2 + 3$ となるが,

$$2020^2 - a_3^2 \geqq 2020^2 - 2019^2 > 3$$

より矛盾する. よって $k \leqq 2019$ である.

(∗∗) で $n = k$ とすると,

$$2020^2 + k^2 + 2 \leqq a_k^2 + a_{k+1}^2 + 4040$$

を得る.

また (∗) で $n = k+1$ とすると,

$$a_{k+1}^2 + 2020^2 \leqq a_{k+3}^2 + (k+1)^2 + 2$$

が成り立つ.

これらの両辺を加えて整理することで,

$$2 \cdot 2020^2 \leqq a_k^2 + a_{k+3}^2 + (2k+1) + 4040$$

を得る.

ここで, a_k と a_{k+3} は 1 以上 2019 以下の異なる整数なので

$$a_k^2 + a_{k+3}^2 \leqq 2019^2 + 2018^2 = 2 \cdot 2020^2 - 6 \cdot 2020 + 5$$

である.

したがって, $k \leqq 2019$ とあわせて

$$2 \cdot 2020^2 \leqq 2 \cdot 2020^2 - 6 \cdot 2020 + 5 + (2 \cdot 2020 - 1) + 2 \cdot 2020$$
$$= 2 \cdot 2020^2 - 2 \cdot 2020 + 4 < 2 \cdot 2020^2$$

より矛盾する.

以上より, $a_n^2 + a_{n+1}^2 \geqq a_{n+2}^2 + n^2 + 3$ をみたす 1 以上 2020 以下の整数 n が存在することが示された.

第20回日本ジュニア数学オリンピック (2022)

予選問題

1. 2×2 のマス目の各マスに A, B, C の文字のうちいずれか1文字を書き込む. 辺を共有して隣りあうどの2マスについても異なる文字を書き込む方法は何通りあるか.

ただし, マス目に1回も書き込まれない文字があってもよく, 回転や裏返しにより一致する書き込み方も異なるものとして数える.

2. $p \le q$ なる素数の組 (p, q) であって, $15(p-1)(q-1)$ が pq の倍数となるようなものすべてについて, pq を足し合わせた値を求めよ.

3. 円 Γ に内接する五角形 ABCDE があり, 四角形 BCDE は BC $=$ DE $=1$ をみたす長方形である. AB $=$ EA $=6$ のとき, 円 Γ の直径を求めよ.

ただし, XY で線分 XY の長さを表すものとする.

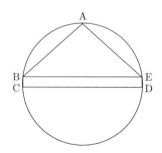

4. AB $=5$, BC $=7$, CA $=6$ なる三角形 ABC の辺 BC, CA, AB 上 (端点を除く) にそれぞれ点 D, E, F がある. 四角形 ABDE, BCEF はそれぞれ円に内接

し，三角形 BDF の外接円は直線 EF に接している．このとき，線分 AE の長さ
を求めよ．

　　ただし，XY で線分 XY の長さを表すものとする．

5. 45×45 のマス目があり，このうち 2022 個のマスを選んで黒く塗る．どのよ
うな塗り方をしても，すべてのマスが黒く塗られている $n \times n$ のマス目が存在
するような正の整数 n としてありうる最大の値を求めよ．

6. それぞれ角 ACB, 角 AED, 角 EGF が直角であるような 3 つの直角二等辺三
角形 ABC, ADE, EFG が下図のように重なっている．五角形 ABDGE の面積
が 23 であり，AB = 8, FD > DG のとき，線分 FD の長さを求めよ．

　　ただし，XY で線分 XY の長さを表すものとする．

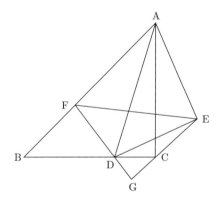

7. $a+b+c+d+e = 2022$ をみたすような非負整数の組 (a, b, c, d, e) であって，
いずれの桁数も 3 でないものはいくつあるか．ただし，0 の桁数は 1 とする．

8. $1 \times 1 \times 1$ のブロック 20 個からなる下図のような立体があり，それぞれのブ
ロックに 1 以上 8 以下の整数を 1 つずつ割り当てる．この立体の外側の 6 面の
うちどの面についても，その面に存在する 8 つのブロックに割り当てられた整

数がすべて異なるような割り当て方は何通りあるか．ただし，回転によって一致する割り当て方も異なるものとして数える．

　なお，下図の立体は $3 \times 3 \times 3$ の立方体から，中心のブロックおよびこれと面を共有するブロックすべてを取り除いたものである．

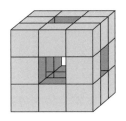

9. 次の条件をみたす 2022 以下の正の整数 n はいくつあるか．

　n で割りきれる正の整数であって，ちょうど 1 つの位が 0 であり，その他の位はすべて 2 であるようなものが存在する．

10. a, b, c, d を $0 < a < b < 103, 0 < c < d < 103$ をみたす整数とする．A さんと B さんが次のようなゲームを行う．円周上に 103 個のマスが並んでおり，そのうち 1 つのマスを S とし，S から反時計回りに 1 つ進んだ先のマスを G とする．はじめ 1 つの駒が S に置かれている．A さんから始めて次の操作を交互に行う．

- A さんの操作：駒を時計回りに a マスまたは b マス進んだ先のマスへ動かす．
- B さんの操作：駒を時計回りに c マスまたは d マス進んだ先のマスへ動かす．

　B さんの目標は，自分の操作の直後に G に駒が置かれている状態にすることである．A さんの操作の仕方にかかわらず，B さんが有限回の操作で目標を達成できるような整数の組 (a, b, c, d) はいくつあるか．

11. $\mathrm{AB} = \mathrm{AC}$ なる二等辺三角形 ABC の内部に点 P があり，$\angle \mathrm{PAB} = \angle \mathrm{PBC} = \angle \mathrm{PCA}$ をみたしている．三角形 PAB, PCA の面積がそれぞれ 5, 4 であるとき，線分 BC の長さを求めよ．

　ただし，XY で線分 XY の長さを表すものとする．

12. 32 個の部屋と 40 本の廊下からなる下図のような宮殿がある．下図において，各部屋は ● で表されており，廊下はそれらを結ぶ実線で表されている．それぞれの部屋に高々 1 台，計 n 台のロボットを配置し，それぞれのロボットに，そのロボットが配置された部屋とつながっている廊下を 1 つ割り当てたところ，次の条件をみたした．

　すべてのロボットを割り当てられた廊下にそって同時に動かし始め，もう一方の端にある部屋に同時に到着させることを考える．この過程でどの 2 台のロボットもすれ違うことはなく，それぞれのロボットが到着する部屋は相異なる．

　このようなことが起こりうる n のうち最大のものを N としたとき，条件をみたすように N 台のロボットを配置して廊下を割り当てる方法は何通りあるか．ただし，ロボットどうしは区別しない．

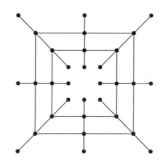

解答

1. 　18 通り

　左上のマス，右上のマス，左下のマス，右下のマスをそれぞれ P, Q, R, S とし，異なる 2 マス X, Y に書き込まれた文字が同じとき X = Y，異なるとき X ≠ Y と表すことにする．辺を共有して隣りあう 2 マスに書き込まれる文字は異なるので，P ≠ Q, P ≠ R, Q ≠ S, R ≠ S である．

- P = S, Q = R のとき，少なくとも 1 マスに書き込まれる文字は，P と S に書き込まれる文字と Q と R に書き込まれる文字の 2 種類である．よって条件をみたす書き込み方は $3 \cdot 2 = 6$ 通りである．

- P = S, Q ≠ R のとき，少なくとも 1 マスに書き込まれる文字は，P と S に書き込まれる文字，Q に書き込まれる文字と R に書き込まれる文字の 3 種類である．よって条件をみたす書き込み方は $3 \cdot 2 \cdot 1 = 6$ 通りである．

- P ≠ S, Q = R のとき，P = S, Q ≠ R の場合と同様に，条件をみたす書き込み方は 6 通りである．

- P ≠ S, Q ≠ R のとき，少なくとも 1 マスに書き込まれる文字は，P に書き込まれる文字，Q に書き込まれる文字，R に書き込まれる文字と S に書き込まれる文字の 4 種類であるが，書き込める文字は A, B, C の 3 種類なので，条件をみたす書き込み方は存在しない．

以上より，答は $6 + 6 + 6 + 0 = \mathbf{18}$ 通りである．

2. 　31

　$15(p-1)(q-1)$ が pq の倍数であるとき，これは特に素数 q の倍数でもあるから，$15, p-1, q-1$ のいずれかは q の倍数でなくてはならない．ここで，$1 \leqq p-1 \leqq q-1 < q$ より，$p-1, q-1$ はいずれも q の倍数でない．よって，15 は q の倍数でなくてはならず，q は 3 または 5 であることがわかる．

- $q = 3$ のとき，$p \leqq q$ より p は 2 または 3 である．
  $p = 2$ のとき，$15(p-1)(q-1) = 30, pq = 6$ より条件をみたす．
  $p = 3$ のとき，$15(p-1)(q-1) = 60, pq = 9$ より条件をみたさない．

- $q = 5$ のとき, $p \leqq q$ より p は 2 または 3 または 5 である.

$p = 2$ のとき, $15(p-1)(q-1) = 60$, $pq = 10$ より条件をみたす.

$p = 3$ のとき, $15(p-1)(q-1) = 120$, $pq = 15$ より条件をみたす.

$p = 5$ のとき, $15(p-1)(q-1) = 240$, $pq = 25$ より条件をみたさない.

以上より, 条件をみたす組は $(p, q) = (2, 3), (2, 5), (3, 5)$ の 3 つであり, 求める値は, $2 \cdot 3 + 2 \cdot 5 + 3 \cdot 5 = 6 + 10 + 15 = \mathbf{31}$ である.

3. $\boxed{\quad 9 \quad}$

直線 AB と直線 DE の交点を P とおく. $\angle PEB = 90°$ と $\angle PBE = \angle ABE = \angle AEB$ より, $\angle APE = 90° - \angle PBE = 90° - \angle AEB = \angle AEP$ が成立する. よって, 三角形 AEP は $AP = AE$ の二等辺三角形であり, $AP = 6$ を得る. 方べきの定理より $PA \cdot PB = PE \cdot PD$ であるから, 線分 PD の長さを x とおくと, $6 \cdot (6 + 6) = (x - 1) \cdot x$ である. $x > 0$ に注意してこれを解くと $x = 9$ を得る.

ここで, 三角形 BDE は, $\angle DEB = 90°$ をみたし, 円 Γ に内接する三角形であるから, 線分 BD は円 Γ の直径である. したがって, 円 Γ の中心を O とおくと, 点 O は線分 BD の中点となる. これと $AB = AE = AP$ より, 三角形 BDP に中点連結定理を用いると $PD = 2AO$ を得る. AO は円 Γ の半径であるから, 求める長さは $2AO = PD = \mathbf{9}$ である.

4. $\boxed{\dfrac{75}{37}}$

四角形 BCEF が円に内接することから, $\angle ABC = \angle AEF$ であり, $\angle BAC = \angle EAF$ とあわせて三角形 ABC と AEF は相似である. また, 四角形 ABDE が円に内接することから, $\angle ABC = \angle DEC$ であり, $\angle ACB = \angle DCE$ とあわせて三角形 ABC と DEC は相似である. 以下, $\angle ABC = \angle AEF = \angle DEC = \theta$ とおく.

三角形 BDF の外接円が直線 EF に接することから, 接弦定理より $\angle EFD = \angle FBD = \theta$ が成り立つ.

一方, $\angle FED = 180° - \angle AEF - \angle DEC = 180° - 2\theta$ であり,

$$\angle EDF = 180° - \angle FED - \angle EFD = 180° - (180° - 2\theta) - \theta = \theta$$

であるから，$\angle EFD = \angle EDF$ より $ED = EF$ が成り立つ．

三角形 ABC と AEF が相似であることから，

$$AE : EF = AB : BC = 5 : 7$$

である．また，三角形 ABC と DEC が相似であることから，

$$ED : EC = BA : BC = 5 : 7$$

である．さらに $ED = EF$ とあわせて $AE : EC = 25 : 49$ であるから，したがって，

$$AE = \frac{AE}{AE + EC} \cdot AC = \frac{25}{25 + 49} \cdot 6 = \frac{\mathbf{75}}{\mathbf{37}}$$

である．

5. ◻ 22 ◻

$1 \leqq i \leqq 45, 1 \leqq j \leqq 45$ に対して，上から i 行目，左から j 列目のマスを (i, j) と表す．

まず，$n = 22$ は条件をみたすことを示す．$(1, 1), (1, 24), (24, 1), (24, 24)$ をそれぞれ左上にもつ 4 つの 22×22 のマス目を考える．これらは，どの相異なる 2 つも共有するマスをもたない．黒く塗られていないマスが $45 \cdot 45 - 2022 = 3$ マスであることより，鳩の巣原理からこれら 4 つのマス目のうち少なくとも 1 つはすべてのマスが黒く塗られている．したがって，$n = 22$ は条件をみたす．

次に，$n \geqq 23$ のとき，$n \times n$ のマス目は必ず $(23, 23)$ を含むことを示す．

$n \times n$ のマス目の左上のマスを (a, b) とおくと，

$$a \leqq s \leqq a + n - 1, \quad b \leqq t \leqq b + n - 1$$

なる整数 s, t を用いて (s, t) と表されるマスは $n \times n$ のマス目に含まれている．ここで，右下のマスは $(a + n - 1, b + n - 1)$ であるから，$a + n - 1 \leqq 45$，すなわち $a \leqq 46 - n \leqq 23$ である．これと $a + n - 1 \geqq 1 + 23 - 1 = 23$ より，$a \leqq 23 \leqq a + n - 1$ となる．

同様に $b \leqq 23 \leqq b + n - 1$ であるから，$(23, 23)$ は $n \times n$ のマス目に含まれている．よって，$(23, 23)$ が黒く塗られないとき，すべてのマスが黒く塗られているような $n \times n$ のマス目は存在しないので，$n \geqq 23$ のとき条件をみたさない．

よって，答は **22** である．

6. $\boxed{2 + \sqrt{2}}$

∠DAE = ∠DFE = 45° より，円周角の定理の逆から 4 点 A, E, D, F は同一円周上にある．したがって，

$$\angle \text{AFD} = 180° - \angle \text{AED} = 90°$$

である．すなわち，線分 AB と線分 FG は垂直であり，また線分 EG と線分 FG も垂直であるから，線分 AB と線分 EG は平行である．

ここで線分 AB の中点を M とおくと，線分 CM も線分 AB と垂直であるから，四角形 CGFM は長方形であることがわかる．これより

$$\text{FG} = \text{CM} = \frac{\text{AB}}{2} = 4$$

である．

FD $= a$ とおくと，三角形 BDF は直角二等辺三角形であるから，その面積は $\dfrac{\text{FD}^2}{2} = \dfrac{a^2}{2}$ である．また，線分 AF, EG がともに線分 FG と垂直であることから，四角形 AFGE は台形であり，その面積は

$$\frac{1}{2} \cdot (\text{AF} + \text{EG}) \cdot \text{FG} = \frac{1}{2} \cdot \big((\text{AB} - \text{BF}) + \text{FG}\big) \cdot \text{FG}$$

$$= \frac{1}{2} \cdot \big((8 - a) + 4\big) \cdot 4 = 24 - 2a$$

である．

五角形 ABDGE の面積はこれら 2 つの図形の面積の和に等しいから，

$$\frac{a^2}{2} + (24 - 2a) = 23$$

を得る．これを解けば $a = 2 \pm \sqrt{2}$ であり，FD > DG より $a > 4 - a$，すなわち $a > 2$ であるから，求める長さは FD $= a = \mathbf{2 + \sqrt{2}}$ である．

7. $\boxed{500149500 \text{ 個}}$

問題の条件をみたす組を **良い組** とよぶこととする．3 桁でない非負整数は，99

以下または 1000 以上であることに注意する．以下，(a, b, c, d, e) を良い組として，a, b, c, d, e のうち 1000 以上であるものの個数で場合分けを行う．

まず，a, b, c, d, e のうち 1000 以上のものがない場合を考える．このとき a, b, c, d, e はいずれも 99 以下であるから，

$$a + b + c + d + e \leqq 99 \cdot 5 < 2022$$

となり，このような良い組は存在しない．

次に，a, b, c, d, e のうち 1000 以上のものがちょうど 1 つである場合を考える．

まず，a が 1000 以上であるときを考える．このとき，b, c, d, e は 0 以上 99 以下の整数である．逆に，(p, q, r, s) を任意の 0 以上 99 以下の整数の組とするとき，

$$2022 - p - q - r - s \geqq 2022 - 99 \cdot 4 \geqq 1000$$

となるから，$(2022 - p - q - r - s, p, q, r, s)$ は条件をみたす．

したがって，条件をみたす組の個数は 0 以上 99 以下の整数の組 (p, q, r, s) の個数と等しく，100^4 個である．a, b, c, d, e のうちどれが 1000 以上であるときも同様であるから，1000 以上の整数をちょうど 1 つ含む良い組は全部で $100^4 \cdot 5 = 500000000$ 個である．

次に，a, b, c, d, e のうち 1000 以上のものがちょうど 2 つである場合を考える．

まず，a, b が 1000 以上であるときを考える．このとき，$(a - 1000, b - 1000, c, d, e)$ は非負整数の組であり，

$$(a - 1000) + (b - 1000) + c + d + e = (a + b + c + d + e) - 2000 = 22$$

をみたす．逆に，非負整数の組 (t, u, v, w, x) が $t + u + v + w + x = 22$ をみたすならば，$t + 1000, u + 1000$ はそれぞれ 1000 以上，v, w, x はそれぞれ 99 以下であり，

$$(t + 1000) + (u + 1000) + v + w + x = (t + u + v + w + x) + 2000 = 2022$$

をみたす．よって，$(t + 1000, u + 1000, v, w, x)$ は条件をみたす組である．したがって，条件をみたす組の個数は，$t + u + v + w + x = 22$ をみたす非負整数の組 (t, u, v, w, x) の個数と等しい．

これは，22 個の玉が一列に並べられているとき，そこに 4 個の仕切りを挿入する方法の数と等しい．実際，そのような組 (t, u, v, w, x) は，4 個の仕切りをそ

れぞれ左から $t, t+u, t+u+v, t+u+v+w$ 番目の玉のすぐ右に挿入すること
と 1 対 1 に対応させることができる. さらにこれは, 26 個の玉のうち 4 つを選ん
で仕切りと取り換える方法の数と等しい. よって, 求める個数は $_{26}\mathrm{C}_4 = 14950$
である.

a, b, c, d, e のうちどの 2 つが 1000 以上であるときも同様であるから, 1000 以
上の整数をちょうど 2 つ含む良い組は全部で $14950 \cdot {}_5\mathrm{C}_2 = 149500$ 個である.

最後に, a, b, c, d, e のうち 1000 以上のものが 3 つ以上である場合を考える.
このとき,

$$a + b + c + d + e \geqq 1000 \cdot 3 > 2022$$

であるから, このような良い組は存在しない.

したがって, 答は $500000000 + 149500 = \mathbf{500149500}$ 個である.

8. 80640 通り

立体のブロックは, この立体の外側の 6 面のうち 3 面に存在するブロックと,
2 面に存在するブロックの 2 種類に分けられる. 前者を**角**ブロック, 後者を**辺ブ
ロック**とよぶことにする. ある整数が角ブロックに x 個, 辺ブロックに y 個割
り当てられているとする. 各整数は外側の 6 面すべてにちょうど 1 回ずつ現れ
るため, $3x + 2y = 6$ が成り立つ. よって x, y は非負整数であることに注意すれ
ば, (x, y) は $(2, 0)$ または $(0, 3)$ であることがわかる. したがって, 各整数は角
ブロック 2 つだけに割り当てられているか, 辺ブロック 3 つだけに割り当てられ
ているかのいずれかであることがわかる.

角ブロックは 8 個あるので, 角ブロックに割り当てる整数は $\dfrac{8}{2} = 4$ 個であり,
全部で 8 個の整数を使うことから, 辺ブロックに割り当てる整数も 4 個である.

角ブロックに割り当てる整数について考えると, 同じ整数を割り当てられてい
る 2 つの角ブロックは同じ面に存在してはいけないため, それぞれの角ブロック
とそこから最も遠い角ブロックが同じ整数で割り当てられていなければいけない
ことがわかる.

辺ブロックに割り当てる整数について考える. 図のように, 上段の辺ブロック
をそれぞれ a, b, c, d, 中段の辺ブロックをそれぞれ e, f, g, h, 下段の辺ブロッ

クをそれぞれ i, j, k, l とする.

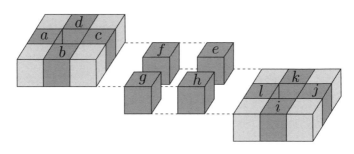

　整数の割り当て方の条件より, 上段の 4 つの辺ブロックは相異なる整数を割り当てなくてはならない. 同様に, 下段の 4 つの辺ブロックも相異なる整数を割り当てなくてはならない. 辺ブロックに割り当てるどの整数もちょうど 3 つのブロックに割り当てられ, かつ上段と下段の辺ブロックに 1 つずつ割り当てられるため, 中段についてもちょうど 1 つ割り当てなければいけないことがわかる.

　a に割り当てる整数について考える. この整数を割り当てる中段の辺ブロックは e または h である. 対称性より, e にこの整数を割り当てた場合の全体の割り当て方と h に割り当てた場合の全体の割り当て方の数は同じである. e に割り当てた場合, この整数は下段の i に割り当てなければいけない. このとき, b に割り当てる整数について考えると, この整数は中段では e または f に割り当てなければいけないが, e にはすでに割り当てられているので f に割り当てるしかない. これにより下段では j に割り当てなければいけないこともわかる. 同様にして, c, g, k と d, h, l にはそれぞれ同じ整数を割り当てなければいけないことがわかる.

　以上より, 上段のブロックに割り当てる整数を決めたとき, 下段の角ブロックに割り当てられる数は一意に定まり, 残りの辺ブロックへの整数の割り当て方は, a に割り当てる整数を e に割り当てる場合と h に割り当てる場合の 2 通り存在する. この 2 通りはどちらも条件をみたす.

　したがって答は $2 \cdot 8! = 80640$ 通りである.

9. $\boxed{1700 \text{ 個}}$

　ちょうど 1 つの位が 0 であり，その他の位はすべて 2 であるような正の整数を **良い整数** とよぶ．

　まず，良い整数は 8 でも 25 でも割りきれないことを示す．2 桁以下の良い整数は 20 のみであるが，これは 8 でも 25 でも割りきれない．また，3 桁以上の良い整数を 1000 で割った余りは，下 3 桁を考えると，022, 202, 220, 222 のいずれかであることがわかる．これらはいずれも 8 で割りきれないから，1000 が 8 の倍数であることとあわせて，8 で割りきれる 3 桁以上の良い整数は存在しない．よって 8 で割りきれる良い整数は存在しない．同様に，25 で割りきれる良い整数も存在しない．

　逆に，n を 8 でも 25 でも割りきれない任意の正の整数としたとき，n で割りきれる良い整数が存在することを示す．正の整数 x に対し，すべての位が 1 である x 桁の正の整数を $f(x)$ で表す．

補題　正の整数 m が 2 でも 5 でも割りきれないとき，ある正の整数 x が存在し，$f(x)$ が m で割りきれる．

$\boxed{\text{証明}}$　正の整数を $9m$ で割った余りとしてありえるものは $9m$ 通りであるから，$9m+1$ 個の正の整数 $10^0, 10^1, \cdots, 10^{9m}$ には $9m$ で割った余りが等しい 2 つが存在する．

　それらを $0 \leqq i < j \leqq 9m$ なる整数 i, j によって $10^i, 10^j$ とすると，

$$10^j - 10^i = 10^i(10^{j-i} - 1)$$

は $9m$ で割りきれる．いま m および 9 はともに 10^i と互いに素であるから，$9m$ も 10^i と互いに素であり，$10^{j-i} - 1$ が $9m$ で割りきれることが従う．ここで，$9f(x)$ と $10^x - 1$ はともに，すべての位が 9 である x 桁の正の整数であるから，$9f(x) = 10^x - 1$ が成り立つ．よって $9f(j-i)$ は $9m$ で割りきれ，$f(j-i)$ は m で割りきれる．以上より，$i < j$ とあわせて正の整数 $j-i$ が条件をみたす x としてとれる．$\blacksquare$

　n と 20 の最大公約数を d とし，$n' = \dfrac{n}{d}$ とおく．n' は正の整数である．n が 8 で割りきれないことから，n が 2 で割りきれる回数は高々 2 回であり，20 が 2

で 2 回割りきれることから，d が 2 で割りきれる回数は n が 2 で割りきれる回数に等しい．したがって，n' は 2 で割りきれない．同様に n' は 5 でも割りきれないから，補題よりある正の整数 x が存在し，$f(x)$ が n' で割りきれる．このとき，$f(x) \cdot d$ は n の倍数であり，d が 20 の約数であることから $20f(x)$ も n の倍数である．$20f(x)$ は一の位が 0 であり，その他の位がすべて 2 である $x+1$ 桁の正の整数なので，良い整数である．以上より，n で割りきれる良い整数の存在が示された．

よって，2022 以下の正の整数であって，8 でも 25 でも割りきれないものの個数を求めればよい．実数 r に対して r を超えない最大の整数を $[r]$ で表すと，2022 以下の正の整数のうち 8 の倍数は $\left[\dfrac{2022}{8}\right] = 252$ 個, 25 の倍数は $\left[\dfrac{2022}{25}\right] = 80$ 個存在する．また, 8 でも 25 でも割りきれるもの，すなわち 200 の倍数は $\left[\dfrac{2022}{200}\right] = 10$ 個存在する．

以上より，答は $2022 - 252 - 80 + 10 = \mathbf{1700}$ 個である．

10. $\boxed{515100\ 個}$

103 は素数であることに注意する．整数 $x,\ y$ について $x-y$ が 103 で割りきれることを $x \equiv y$ で表し，$x-y$ が 103 で割りきれないことを $x \not\equiv y$ で表すこととする．B さんが i 回目の操作を終了したときまでに駒が進んだ総マス数に 1 を足した値を T_i とする．ただし，$T_0 = 1$ とする．マス G はマス S から時計回りに 102 マス進んだマスであるから，駒が G にあることは駒が進んだマス数が 103 で割って 102 余ることと同値である．したがって，B さんの目標は，ある正の整数 i について T_i を 103 の倍数にすることである．

B さんが有限回で目標を達成できることは，$a+d \equiv b+c \not\equiv 0$ または $a+c \equiv b+d \not\equiv 0$ が成り立つことと同値であることを示す．

まず，$a+d \equiv b+c \not\equiv 0$ または $a+c \equiv b+d \not\equiv 0$ の場合に B さんが目標を達成できることを示す．

補題 1 n が 103 の倍数でない整数のとき，$mn+1$ が 103 の倍数となるような正の整数 m が存在する．

証明 103 個の整数 $n+1, 2n+1, \cdots, 103n+1$ を考える. i, j を $1 \leqq i < j \leqq 103$ をみたす整数とする.

$$(jm+1) - (im+1) = (j-i)m$$

であり, $0 < j-i \leqq 102$ と m がともに 103 の倍数でないことより $jm+1 \not\equiv im+1$ が従う. よって $n+1, 2n+1, \cdots, 103n+1$ を 103 で割った余りはすべて異なるから, $n+1, 2n+1, \cdots, 103n+1$ を 103 で割った余りには $0, 1, \cdots, 102$ がすべて現れる. 特に, $mn+1$ を 103 で割った余りは 0 であるような 1 以上 103 以下の整数 m が存在する.

以上より示された. ∎

$a+d \equiv b+c \not\equiv 0$ のとき, A さんが駒を a マス進めた直後には d マス進め, A さんが b マス進めた直後には c マス進めるという戦略を B さんがとったとき, 任意の正の整数 m に対して, $T_m \equiv 1 + m(a+d)$ が成り立つ. 補題 1 より $1 + m(a+d)$ が 103 の倍数となるような正の整数 m が存在するから, B さんは必ず目標を達成できる.

$a+c \equiv b+d \not\equiv 0$ のときも同様に, B さんは $T_m \equiv 1 + m(a+c)$ となるようにできるので, この場合も B さんは必ず目標を達成できる.

逆に, $a+d \equiv b+c \not\equiv 0$ と $a+c \equiv b+d \not\equiv 0$ のいずれも成立しないとき, つまり次のいずれかが成立するとき, B さんは目標を達成できないことを示す.

- $a+d \not\equiv b+c$ かつ $a+c \not\equiv b+d$,
- $a+d \equiv b+c \equiv 0$,
- $a+c \equiv b+d \equiv 0$.

補題 2 上記の 3 つの条件のいずれかをみたすとき, 任意の 103 の倍数でない整数 x に対し, 次のいずれかが成り立つ.

- $x+a+c \not\equiv 0$ かつ $x+a+d \not\equiv 0$,
- $x+b+c \not\equiv 0$ かつ $x+b+d \not\equiv 0$.

証明 $a+d \not\equiv b+c$ かつ $a+c \not\equiv b+d$ のとき, $a \not\equiv b, c \not\equiv d$ に注意すると, $x+a+c, x+a+d, x+b+c, x+b+d$ を 103 で割った余りはすべて異なるこ

とがわかる．よってこの 4 数のうち 103 の倍数は高々 1 つであるから，上記の 2 つの条件のうちいずれかをみたす．

$a + d \equiv b + c \equiv 0$ のとき，$x + a + d, x + b + c$ はどちらも 103 の倍数でない．$x + a + c, x + b + d$ どちらも 103 の倍数であるとして矛盾を導く．$a + c \equiv b + d$ であるから，

$$(a + c) + (a + d) \equiv (b + d) + (b + c)$$

が従う．よって $2(a - b) \equiv 0$ であるが，2 と $a - b$ はともに 103 と互いに素であることに反する．

よって $x + a + c, x + b + d$ の少なくとも一方は 103 の倍数でない．

$a + c \equiv b + d \equiv 0$ のときも同様に，$x + a + d, x + b + c$ の少なくとも一方は 103 の倍数でないことがわかる．よって示された．∎

A さんは，B さんの操作にかかわらず，任意の非負整数 i について，$T_0, T_1, \cdots, T_i$ がいずれも 103 の倍数とならないように駒を進めることができることを示せばよい．

i についての帰納法で示す．

$i = 0$ のとき，$T_0 = 1 \not\equiv 0$ であるから成り立つ．

次に，k を 0 以上の整数として $i = k$ で成立しているとする．帰納法の仮定より $T_0, T_1, \cdots, T_k$ がいずれも 103 の倍数とならないように駒を進めることができるので，T_k が 103 の倍数でないときに T_{k+1} が 103 の倍数とならないようにすることができることを示せばよい．

補題 2 より，$T_k + a + c \not\equiv 0$ かつ $T_k + a + d \not\equiv 0$ となるか，$T_k + b + c \not\equiv 0$ かつ $T_k + b + d \not\equiv 0$ となる．前者の場合は A は a だけ駒を進め，後者の場合は b だけ駒を進めることで，T_{k+1} は 103 で割りきれないようにできるから，$i = k + 1$ のときも示された．

したがって，任意の非負整数 i について，$T_0, T_1, \cdots, T_i$ がいずれも 103 の倍数とならないように駒を進めることができることが示された．

以上の議論より，$0 < a < b < 103, 0 < c < d < 103$ をみたす整数の組 (a, b, c, d) であって，$a + d \equiv b + c \not\equiv 0$ または $a + c \equiv b + d \not\equiv 0$ をみたすものの個数を求めればよい．

以下では (c, d) を固定して，条件をみたす (a, b) の個数を求める．

まず，$a + d \equiv b + c \not\equiv 0$ の場合を考える．$d - c$ も $b - a$ も 103 より小さい正の整数なので，

$$(d - c) - (b - a) = (a + d) - (b + c) \equiv 0$$

は -103 より大きく，103 より小さい．よって $a + d = b + c$ が必要である．したがって条件をみたす (a, b) は，

$$(1, 1 + (d - c)), \ (2, 2 + (d - c)), \ \cdots, \ (102 - (d - c), 102)$$

から $a + d \equiv 0$ となる $(103 - d, 103 - c)$ を除いた $101 - (d - c)$ 個である．

次に，$a + c \equiv b + d \not\equiv 0$ の場合を考える．$d - c$ も $b - a$ も 103 より小さい正の整数なので，

$$(d - c) + (b - a) = (b + d) - (a + c) \equiv 0$$

は 0 より大きく，206 より小さい．よって $(b + d) - (a + c) = 103$ が必要である．したがって

$$(a, b) = (1, 104 - (d - c)), \ (2, 105 - (d - c)), \ \cdots, \ ((d - c - 1), 102)$$

となり，このとき

$$0 < a + c \leqq (d - c - 1) + c = d - 1 \quad \text{より} \quad a + c \not\equiv 0$$

となるため，この $d - c - 1$ 個はすべて条件をみたす．

また，a, b が $a + d \equiv b + c \not\equiv 0, a + c \equiv b + d \not\equiv 0$ をどちらもみたすとすると，

$$(a + d) + (a + c) \equiv (b + c) + (b + d)$$

より $2(b - a) \equiv 0$ となるが，2 と 103 は互いに素なので $b - a$ は 103 で割りきれなければならない．これは $0 < a < b < 103$ に反する．

以上より，(c, d) を固定したとき，条件をみたす (a, b) は

$$101 - (d - c) + (d - c - 1) = 100 \ \text{個}$$

である．(c, d) の選び方は

$$\frac{102 \cdot 101}{2} = 5151 \ \text{通り}$$

であるから，求める整数の組 (a, b, c, d) は $5151 \cdot 100 = \mathbf{515100}$ 個である．

11. $\boxed{\sqrt{26}}$

以下，$\triangle$XYZ で三角形 XYZ の面積を表すものとする．

点 P から辺 AB, CA におろした垂線の足をそれぞれ D, E とする．このとき，$\angle$PAD $=\angle$PCE, $\angle$PDA $=\angle$PEC $=90°$ より，三角形 PAD と三角形 PCE は相似であり，$\dfrac{\text{PA}}{\text{PC}}=\dfrac{\text{PD}}{\text{PE}}$ が成り立つ．また，AB $=$ CA であるから，

$$\frac{\triangle \text{PAB}}{\triangle \text{PCA}}=\frac{\dfrac{1}{2}\cdot \text{AB}\cdot \text{PD}}{\dfrac{1}{2}\cdot \text{CA}\cdot \text{PE}}=\frac{\text{PD}}{\text{PE}}$$

が成り立つ．これらと $\triangle$PAB $=5$, $\triangle$PCA $=4$ とをあわせて，

$$\frac{\text{PA}}{\text{PC}}=\frac{\text{PD}}{\text{PE}}=\frac{5}{4}$$

を得る．

また，

$$\angle \text{ABP}=\angle \text{ABC}-\angle \text{PBC}=\angle \text{BCA}-\angle \text{PCA}=\angle \text{BCP}, \quad \angle \text{PAB}=\angle \text{PBC}$$

であるから，三角形 PAB と三角形 PBC は相似である．この相似比を $a:b$ とすれば，$\dfrac{\text{PA}}{\text{PB}}=\dfrac{\text{PB}}{\text{PC}}=\dfrac{a}{b}$ となるから，

$$\frac{a}{b}=\sqrt{\frac{\text{PA}}{\text{PB}}\cdot \frac{\text{PB}}{\text{PC}}}=\sqrt{\frac{\text{PA}}{\text{PC}}}=\frac{\sqrt{5}}{2}$$

を得る．よって，

$$\frac{\triangle \text{PAB}}{\triangle \text{PBC}}=\frac{a^2}{b^2}=\frac{5}{4}$$

となるから，$\triangle$PBC $=4$ である．したがって，$\triangle$ABC $=5+4+4=13$ である．

ここで，辺 BC の中点を M とし，BM $=x$ とおく．このとき BC $=2x$ であり，また $\dfrac{\text{AB}}{\text{BC}}=\dfrac{a}{b}=\dfrac{\sqrt{5}}{2}$ が成り立つから，AB $=\sqrt{5}\,x$ である．さらに，三平方の定理より

$$\text{AM}=\sqrt{\text{AB}^2-\text{BM}^2}=\sqrt{(\sqrt{5}\,x)^2-x^2}=2x$$

となる．よって $\triangle$ABC $=\dfrac{1}{2}\cdot \text{BC}\cdot \text{AM}=2x^2$ であるから，$\triangle$ABC $=13$ とあわ

せて $x = \dfrac{\sqrt{26}}{2}$ を得る．したがって，BC $= 2x = \sqrt{26}$ である．

12. 　12544 通り

　最も内側の 8 部屋と最も外側の 8 部屋をあわせた 16 部屋を端の部屋とよぶ．残りの 16 部屋を中の部屋とよび，そのうち内側の 8 部屋を内環の部屋，外側の 8 部屋を外環の部屋とよぶ．また，廊下であってロボットが通ったものを良い廊下とよぶ．ロボットどうしがすれ違わないから同じ廊下を 2 台以上のロボットが通ることはないため，良い廊下はちょうど n 本であることに注意する．

　まず，N の値を求める．各廊下はちょうど 2 部屋を端点にもつため，すべての部屋についてその部屋を端点にもつ良い廊下の本数を足し合わせたものは $2n$ に等しい．ここで，すべての部屋について，その部屋を出発するロボットおよびその部屋に到着するロボットはそれぞれ高々 1 台であるから，中の部屋を端点にもつ良い廊下は高々 2 本である．また，すべての端の部屋について，それを端点にもつ廊下は 1 本であるから，特にそれを端点にもつ良い廊下は高々 1 本である．ゆえに

$$2n \leqq 2 \cdot 16 + 1 \cdot 16 = 48, \quad \text{つまり} \quad n \leqq 24$$

を得る．逆に，下図のように 24 台のロボットを配置して廊下を割り当てると条件をみたすから，$N = 24$ である．ただし，各矢印の始点，向きがそれぞれロボットの配置，動かす向きに対応している．

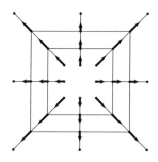

　24 本の良い廊下が存在するとき，上の不等式評価における等号成立条件を考えることで，以下の条件が成立する．

- 中の部屋について, それぞれを端点にもつ良い廊下がちょうど 2 本ずつある.
- 端の部屋について, それぞれを端点にもつ良い廊下がちょうど 1 本ずつある.

ゆえに, 下図で太線で示した廊下は必ず良い廊下であることがわかる. また, 中の部屋どうしを結ぶ 8 本の良い廊下は, 互いに端点を共有しておらず, 太線で示したどの廊下もこの 8 本の良い廊下のいずれかと端点を共有している.

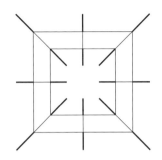

　逆にこのとき, この 8 本の廊下それぞれについてロボットの通過する向きを独立に定めることができ, それぞれに対して残りの 16 本の廊下のロボットの通過する向きが唯一つに定まる. したがって, 上の条件をみたす 24 本の廊下の組み合わせを定めたときに, それらを良い廊下とするようにロボットを配置する方法は $2^8 = 256$ 通りである.

　以下, 中の部屋どうしを結ぶ 8 本の廊下であって, 互いに端点を共有しないものの選び方を数える. 内環の部屋どうしを結ぶ廊下を**内環の廊下**, 外環の部屋どうしを結ぶ廊下を**外環の廊下**, 内環の部屋と外環の部屋を結ぶ廊下を**放射の廊下**とよぶ. 選ぶ内環の廊下の本数を m としたとき, これらの端点は内環の部屋 $2m$ 部屋である. 残りの内環の部屋 $8 - 2m$ 部屋は放射の廊下の端点であるから, 選ぶ放射の廊下の本数は $8 - 2m$, 外環の廊下の本数は $8 - m - (8 - 2m) = m$ である. 特に $8 - 2m \geqq 0$ より $m \leqq 4$ である. 以下, m の値で場合分けをする.

- $m = 4$ のとき
  内環の廊下 4 本と外環の廊下 4 本を選ぶ. 内環の廊下 4 本の選び方は 2 通りである. 同様に, 外環の廊下 4 本を選ぶ方法は 2 通りであり, これらは独立であるから, $2 \cdot 2 = 4$ 通りである.

- $m = 3$ のとき

放射の廊下を $8 - 3 \cdot 2 = 2$ 本選ぶ. これらの端点となる内環の部屋 2 部屋が, 選ぶ内環の廊下 3 本を何本ずつに分けているかで場合分けをする. 0 本と 3 本のときは 8 通り, 1 本と 2 本のときは 8 通りであり, 合計 16 通りである.

- $m = 2$ のとき

  放射の廊下を $8 - 2 \cdot 2 = 4$ 本選ぶ. 選ぶ内環の廊下 2 本が, 選ぶ放射の廊下の端点となる内環の部屋 4 部屋を何部屋ずつに分けているかで場合分けをする. 0 部屋と 4 部屋のときは 8 通り, 1 部屋と 3 部屋のときは 8 通り, 2 部屋ずつのときは 4 通りであり, 合計 20 通りである.

- $m = 1$ のとき

  内環の廊下のいずれを選んでも, 選ぶ放射の廊下 6 本と外環の廊下 1 本が一意に定まるから, 8 通りである.

- $m = 0$ のとき

  8 本の廊下として放射の廊下すべてを選ぶ必要があるから, 1 通りである.

以上をあわせて, 中の部屋どうしを結ぶ 8 本の廊下であって, 互いに端点を共有しないものの選び方は

$$4 + 16 + 20 + 8 + 1 = 49 \quad \text{通り}$$

であることが従う.

以上より, 求める場合の数は $49 \times 256 = \mathbf{12544}$ 通りである.

本選問題

1. 素数の組 (p, q) であって，$p^3 + 3q^3 - 32$ が素数であるようなものをすべて求めよ．

2. n を 3 以上の整数とする．円周上に n 個のマスが並んでおり，それぞれのマスに 1 つずつ石が置かれている．次の操作をうまく $n-2$ 回行うことで，$n-1$ 個の石が置かれているマスが存在するようにできるような n をすべて求めよ．

> 石が 1 つ以上置かれているマス A と 1 以上 $n-1$ 以下の整数 k を選ぶ．A から反時計回りに k 個進んだ先のマスにある石をすべて，A から時計回りに k 個進んだ先のマスへ移す．

3. 6 つの相異（あい）なる実数 a, b, c, x, y, z がある．次の 6 つの式

$$ax + by + cz, \quad ax + bz + cy, \quad ay + bx + cz,$$
$$ay + bz + cx, \quad az + bx + cy, \quad az + by + cx$$

のうち，値（あたい）が 1 に等しいものの個数としてありうる最大の値を求めよ．

4. $AB < AC$ なる鋭（えい）角三角形 ABC がある．線分 BC の垂直二等分線と直線 AB, AC との交点をそれぞれ D, E とし，線分 DE の中点を M とする．三角形 ABC の外接円と直線 AM が A でない点 P で交わっており，3 点 M, A, P はこの順に並んでいる．このとき，$\angle BPE = 90°$ が成り立つことを示せ．ただし，XY で線分 XY の長さを表すものとする．

5. n を正の整数，k を $2^k \leqq n < 2^{k+1}$ をみたす非負整数とする．このとき

$$\left[\frac{n}{2^0}\right]\left[\frac{n}{2^1}\right] \cdots \left[\frac{n}{2^k}\right] + 2 \cdot 4^{\left[\frac{k}{2}\right]}$$

が平方数となる n をすべて求めよ．ただし，実数 r に対して r を超（こ）えない最大の整数を $[r]$ で表す．また，正の整数 a に対して，$a^0 = 1$ とする．

解答

1. (p, q) がともに奇素数のとき，$p^3 + 3q^3 - 32$ は偶数なので 2 になる必要があるが，$p^3 + 3q^3 - 32 \geqq 3^3 + 3 \cdot 3^3 - 32 > 2$ より不適である．

よって p, q の少なくとも一方は 2 である．

$p = 2$ のとき，$2^3 + 3q^3 - 32 = 3(q^3 - 8)$ であるから，$q^3 - 8 = 1$ である必要があるが，$2^3 - 8 = 0 < 1 < 19 = 3^3 - 8$ であるからこのような素数 q は存在せず，不適である．

また $q = 2$ のとき，$p^3 + 3 \cdot 2^3 - 32 = p^3 - 8 = (p-2)(p^2 + 2p + 4)$ が素数になるような p を求めればよい．このとき $p^2 + 2p + 4 > 1$ より $p - 2 = 1$ でなければならない．逆に $p = 3$ のとき，$3^3 + 3 \cdot 2^3 - 32 = 19$ は素数なので条件をみたす．

以上より，求める (p, q) の組は $(3, 2)$ のみである．

2. 適当に 1 つのマスを選び，そこから時計回りの順でマスに $1, 2, \cdots, n$ と番号をつける．

まず，n が偶数のとき，どのマスにも $n - 1$ 個の石を集められないことを示す．

各マスについて，マスの番号が奇数ならば白に，偶数ならば黒に塗る．このとき隣りあう 2 マスは必ず異なる色で塗られており，したがって各操作において，A から時計回りに k 個進んだ先のマスは，A から反時計回りに k 個進んだ先のマスと必ず同じ色で塗られている．これより，操作によって，白色のマスにある石は白色のマスへ，黒色のマスにある石は黒色のマスへしか移動させられないことがわかる．よって，1 つのマスに集められる石の個数は最大で $\dfrac{n}{2}$ 個であり，$n \geqq 3$ より $\dfrac{n}{2} < n - 1$ となることから，どのマスにも $n - 1$ 個の石を集められないことが示された．

一方，n が奇数のとき，$n - 2$ 回の操作であるマスに $n - 1$ 個の石を集められることを示す．

$n = 3$ のときは，A としてマス 1 を選んで $k = 1$ とすると，マス 3 にある石がマス 2 に移され，マス 2 に 2 個の石があるから，条件をみたす．以下では $n \geqq 5$ とする．

n は 2 以上の整数 m を用いて $n = 2m + 1$ と書ける．$2m - 1$ 回の操作である

マスに $2m$ 個の石がある状態にできればよい. このとき, 次のように操作を行うことを考える.

まず, $1 \leqq i \leqq m-1$ について, i 回目の操作では A としてマス $i+1$ を選んで $k=1$ として操作を行い, マス i にある石をマス $i+2$ へ移動させる. i 回目の操作の直前の時点でマス $i, i+1, \cdots, 2m+1$ に石が置かれているから, 必ずこのような操作を行える.

次に, $1 \leqq i \leqq m-1$ について, $m+i-1$ 回目の操作では A としてマス $2m-i$ を選んで $k=2m$ として操作を行い, マス $2m-i+1$ にある石をマス $2m-i-1$ へ移動させる. $m+i-1$ 回目の操作の直前の時点でマス $m, m+1, \cdots, 2m-i+1$ およびマス $2m+1$ に石が置かれているから, 必ずこのような操作を行える. $2m-2$ 回の操作の後で石があるマスはマス $m, m+1, 2m+1$ の 3 つである.

最後に, A としてマス $2m+1$ を選んで $k=m$ として $2m-1$ 回目の操作を行うと, マス $m+1$ にある石がマス m へと移され, 石があるマスはマス m とマス $2m+1$ だけとなる. 以上の操作でマス $2m+1$ にある石の個数は変化しないから 1 つのままであり, 操作によって石の個数の合計が変化することはないから, マス m には $2m$ 個の石があることがわかる. よって, n が 5 以上の奇数のときも条件をみたすことが示された.

以上より, 条件をみたす n は 3 以上の奇数である.

3. まず, $(a, b, c, x, y, z) = (1, -1, 0, 4, 3, 2)$ とすると,
$$ax + by + cz = ay + bz + cx = 1$$
となるから, 答は 2 以上である.

次に, 問題に現れる 6 つの式のうち 3 つ以上の値が 1 に等しくなることはないことを示す.

対称性より $a < b < c$ かつ $x < y < z$ として一般性を失わない.

実数 s, t, u, v が $s < t$ と $u < v$ をみたすとき,
$$(su + tv) - (sv + tu) = (s - t)(u - v) > 0$$
より $su + tv > sv + tu$ である. これを $(s, t, u, v) = (b, c, y, z)$ に適用することで, $ax + by + cz > ax + bz + cy$ がわかる.

さらに $(s, t, u, v) = (a, b, x, z), (b, c, x, y)$ に適用すれば,

$$ax + by + cz > ax + bz + cy > az + bx + cy > az + by + cx \qquad (*)$$

が得られるから, この 4 つの式のうち値が 1 に等しいものは高々 1 つである.

同様に,

$$ax + by + cz > ay + bx + cz > ay + bz + cx > az + by + cx \qquad (**)$$

であるから, この 4 つの式のうち値が 1 に等しいものも高々 1 つである.

6 つの式はいずれも $(*)$ または $(**)$ に現れるから, 値が 1 に等しいものは高々 2 つである.

以上より, 求める値は 2 である.

4. 線分 AA′ が三角形 ABC の外接円の直径となるような点 A′ をとる. このとき, $\angle\mathrm{A'BC} = 90° - \angle\mathrm{CBA} = \angle\mathrm{ADE}, \angle\mathrm{A'CB} = 90° - \angle\mathrm{BCA} = \angle\mathrm{AED}$ となるから, 三角形 A′BC と三角形 ADE は相似である. 線分 BC の中点を N としたとき, M は線分 DE の中点であるから, この相似で N と M は対応する. これと円周角の定理より, $\angle\mathrm{BA'N} = \angle\mathrm{DAM} = \angle\mathrm{BAP} = \angle\mathrm{BA'P}$ が成り立ち, 3 点 A′, N, P は同一直線上にある.

これより, $\angle\mathrm{BPN} = \angle\mathrm{BPA'} = \angle\mathrm{BCA'} = 90° - \angle\mathrm{ACB} = \angle\mathrm{NEC} = \angle\mathrm{BEN}$ となり, 円周角の定理の逆から 4 点 B, P, E, N は同一円周上にある. したがって, $\angle\mathrm{BPE} = 180° - \angle\mathrm{BNE} = 90°$ が得られ, 題意は示された.

5. k 以下の非負整数 i に対し, $a_i = \left[\dfrac{n}{2^{k-i}}\right]$ とする. このとき, $k-1$ 以下の任意の非負整数 i に対して,

$$2\left[\frac{n}{2^{k-i}}\right] = \left[2\left[\frac{n}{2^{k-i}}\right]\right] \leqq \left[2 \cdot \frac{n}{2^{k-i}}\right] \leqq \frac{2n}{2^{k-i}} = 2\left(\frac{n}{2^{k-i}} - 1\right) + 2 < 2\left[\frac{n}{2^{k-i}}\right] + 2$$

が成立し, $a_{i+1} = \left[2 \cdot \dfrac{n}{2^{k-i}}\right]$ であるから, $a_{i+1} = 2a_i$ または $a_{i+1} = 2a_i + 1$ となる.

ある i について a_i が 3 の倍数であるとき, 与式は 3 で割って 2 余る整数であるが, 平方数を 3 で割った余りは 0 または 1 なので不適である.

　同様に，ある i について a_i が 5 の倍数であるとき，与式は 5 で割って 2 または 3 余る整数であるが，平方数を 5 で割った余りは $0, 1, 4$ のいずれかなので不適である.

　以下，整数 x, y に対して，$x - y$ が 15 で割りきれることを $x \equiv y$ と書くこととする.

補題 1　任意の k 以下の非負整数 i について $a_i \equiv 1, 2, 4, 8$ が成り立つ.

証明　i に関する数学的帰納法で示す.

　まず，$a_0 = 1$ より $i = 0$ のときはよい.

　$k - 1$ 以下の非負整数 l に対し，$i = l$ で成立を仮定し，$a_{l+1} \equiv 1, 2, 4, 8$ であることを示す.

　$a_l \equiv 1$ のとき，$a_{l+1} \equiv 2, 3$ となるが，a_{l+1} は 3 の倍数ではないため $a_{l+1} \equiv 2$ である.

　$a_l \equiv 2$ のとき，$a_{l+1} \equiv 4, 5$ となるが，a_{l+1} は 5 の倍数ではないため $a_{l+1} \equiv 4$ である.

　$a_l \equiv 4$ のとき，$a_{l+1} \equiv 8, 9$ となるが，a_{l+1} は 3 の倍数ではないため $a_{l+1} \equiv 8$ である.

　$a_l \equiv 8$ のとき，$a_{l+1} \equiv 1, 2$ である.

　よって $i = l + 1$ でも成立し，以上より示された. ∎

補題 2　$k \geqq 6$ のとき，任意の 4 以上 $k - 2$ 以下の非負整数 i に対し，$a_i a_{i+1} a_{i+2}$ は 2 で 3 回以上割りきれる.

証明　$a_{i+1} = 2a_i, a_{i+2} = 2a_{i+1}$ がともに成立するときは明らかに成り立つから，$a_{i+1} = 2a_i + 1$ または $a_{i+2} = 2a_{i+1} + 1$ の場合を考えればよい.

　$a_{i+1} = 2a_i + 1$ のとき，補題 1 の証明から $a_i \equiv 8, a_{i+1} \equiv 2, a_{i+2} \equiv 4$ がわかる.

　同様に，$a_{i+2} = 2a_{i+1} + 1$ のとき，$a_i \equiv 4, a_{i+1} \equiv 8, a_{i+2} \equiv 2$ がわかる.

　ここで，2 以上 k 以下の整数 j に対して，$a_j \equiv 4$ ならば $a_j = 2a_{j-1}$ より a_j は偶数，$a_j \equiv 8$ ならば $a_j = 4a_{j-2}$ より a_j は 4 の倍数である. よって，いずれの場合も a_i, a_{i+1}, a_{i+2} には偶数が 2 つ以上含まれ，そのうち少なくとも 1 つは 4 の

倍数であるから，以上より示された．∎

補題 3　$k \geqq 3$ のとき，任意の 3 以上 k 以下の整数 i に対し，$a_0 a_1 \cdots a_i$ は 2 で $i+2$ 回以上割りきれる．

証明　i に関する数学的帰納法で示す．

まず補題 1 の証明より，$a_0 = 1, a_1 = 2, a_2 = 4, a_3 = 8$ であるから，$i = 3, 4$ では成立する．さらに $a_4 = 16$ または $a_4 = 17$ であり，$a_4 = 17$ のとき $a_5 = 34$ であるから，$i = 5$ でも成立する．

6 以上 k 以下の整数 l に対し，任意の 3 以上 l 未満の整数 i での成立を仮定する．このとき，仮定より $a_0 a_1 \cdots a_{l-3}$ は 2 で $l-1$ 回以上割りきれ，補題 2 より $a_{l-2} a_{l-1} a_l$ は 2 で 3 回以上割りきれるから，$i = l$ でも成立する．以上より示された．∎

$k \geqq 3$ のとき，補題 3 より $a_0 a_1 \cdots a_k$ は 2 で $k+2$ 回以上割りきれる．一方で，$2 \cdot 4^{\left[\frac{k}{2}\right]}$ は 2 でちょうど $2\left[\dfrac{k}{2}\right] + 1$ 回割りきれるが，これは $k+2$ 未満であるから，与式は 2 でちょうど $2\left[\dfrac{k}{2}\right] + 1$ 回，特に奇数回割りきれる．しかし，平方数は 2 でちょうど偶数回割りきれるから，与式は平方数になりえない．

よって $k \leqq 2$ のとき，つまり $n \leqq 7$ のときのみ考えればよい．補題 3 の証明と同様に $a_k = n$ は $1, 2, 4$ のいずれかであり，それぞれ与式の値は $3, 4, 16$ となるので，答は $n = 2, 4$ である．

第21回日本ジュニア数学オリンピック (2023)

予選問題

1. 正の約数をちょうど 6 個もち，かつ各桁（けた）の和が 7 であるような正の整数を今年の数とよぶ．たとえば 2023 は今年の数である．最小の今年の数を求めよ．

2. 辺 AD と辺 BC が平行である台形 ABCD があり，$\angle A = \angle B = 90°$，AB $= 8$，BC $= 11$，DA $= 6$ が成り立っている．辺 AB, BC, CD, DA 上にそれぞれ点 P, Q, R, S があり，四角形 PQRS は正方形である．このとき，$\dfrac{\mathrm{CR}}{\mathrm{RD}}$ の値（あたい）を求めよ．

ただし，XY で線分 XY の長さを表すものとする．

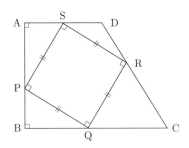

3. 横一列に並んだ 7 つのマスの各マスに A, B, C のいずれか 1 文字を書き込む方法であって，ともに A が書き込まれた隣（とな）りあう 2 マス，ともに B が書き込まれた隣りあう 2 マス，ともに C が書き込まれた隣りあう 2 マスがすべて存在するようなものは何通りあるか．

ただし，回転や裏返しによって一致（いっち）する書き込み方も区別して数える．

4. 5 つの相異なる正の整数 a, b, c, d, e がある．次の 10 個の式

$$a+b, \ a+c, \ a+d, \ a+e, \ b+c, \ b+d, \ b+e, \ c+d, \ c+e, \ d+e$$

のうち，値が素数となるものの個数としてありうる最大の値を求めよ．

5. $AB = 8, AC = 9$ をみたす三角形 ABC がある．直線 BC と平行な直線が三角形 ABC の外接円と相異なる 2 点 P, Q で交わっており，辺 AB, AC とそれぞれ点 D, E で交わっている．ただし，4 点 P, D, E, Q はこの順に並んでいる．$PD = 2, EQ = 3$ のとき，線分 DE の長さを求めよ．なお，XY で線分 XY の長さを表すものとする．

6. $a < b < c$ をみたす正の整数の組 (a, b, c) であって，

$$a^2 - 20005\,a > b^2 - 20005\,b > c^2 - 20005\,c$$

が成り立つものはいくつあるか．

7. J 国を含む 100 か国が参加する大会で，各国 3 人の計 300 人の選手がテストを受け，全員が異なる非負整数の得点を獲得した．J 国の選手は，300 人のうちそれぞれ 1, 10, 100 番目に大きい得点を獲得した．このとき，残りの 99 か国のうち次の条件をみたす国の数としてありうる最大の値を求めよ．

　　その国の 3 人の選手の得点の和が J 国の 3 人の選手の得点の和より大きい．

8. 円に内接する四角形 ABCD が $AB = 1, CD = 3, AC : BD = 1 : 2$ をみたしている．このような四角形 ABCD の面積としてありうる最大の値を求めよ．

　　ただし，XY で線分 XY の長さを表すものとする．

9. 7×7 のマス目に対し，隣りあう 2 マスの共有する辺を**良い辺**とよぶ．図のように各マスを 4 つに分割すると，同じ大きさの直角二等辺三角形 196 個に分割される．この 196 個の直角二等辺三角形を**小三角形**とよぶ．それぞれの小三角形を赤または青のいずれか 1 色で塗る方法であって，以下の条件をともにみたすものは何通りあるか．

- どのマスについても，そのマスに含まれる 4 つの小三角形のうち赤く塗られているものは 1 つまたは 3 つである．
- どの良い辺についても，それを辺にもつ 2 つの小三角形は同じ色で塗られている．

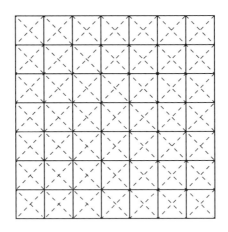

10. n を 3 以上 2023 以下の整数とする．A さんと B さんが次のようなゲームを行う．はじめに A さんが n と言い，その後 B さんから交互に次の操作を行う：

　　直前に相手が言った数を x として，x と互いに素な x 未満の正の整数を言う．

はじめて n 未満の n の約数が言われたときゲームを終了し，それを言った人の負け，もう一方の勝ちとする．このとき，B さんの行動にかかわらず A さんが必ず勝つことができるような n はいくつあるか．

11. JJMO 中学校の生徒はそれぞれ A 市と B 市のどちらか一方に住んでおり，あわせて 2023 人いる．どの異なる 2 人の生徒も互いに友人であるか互いに友人でないかのいずれか一方である．ただし，どの生徒も自分自身と友人でないものとする．ここで，JJMO 中学校のどの生徒 S についても次が成立した．

　　S の友人である生徒の人数を d とするとき，そのうち S と同じ市に住んでいる生徒の人数はちょうど $\left[\dfrac{d}{2}\right]$ である．

このとき，互いに友人であるような JJMO 中学校の生徒 2 人組の数としてありうる最大の値を求めよ．ただし，2 人の順番を入れ替えただけの組は同じものとみなす．

なお，実数 r に対して r 以下の最大の整数を $[r]$ で表す．たとえば，$[3.14] = 3$，$[5] = 5$ である．

12. 三角形 ABC の辺 AB, AC 上（端点を含まない）にそれぞれ点 D, E があり，4 点 D, B, C, E は同一円周上にある．辺 BC の中点を M，直線 BE と直線 CD の交点を P とする．DE $= 6$, BC $= 10$, AP $= 9$, PM $= 4$ のとき，線分 AM の長さを求めよ．

ただし，XY で線分 XY の長さを表すものとする．

解答

1. $\boxed{52}$

各桁の和が7である正の整数を小さい順に並べると，7, 16, 25, 34, 43, 52, $\cdots$ である．

- 7の正の約数は 1, 7 の2個であるから，7は今年の数でない．
- 16の正の約数は 1, 2, 4, 8, 16 の5個であるから，16は今年の数でない．
- 25の正の約数は 1, 5, 25 の3個であるから，25は今年の数でない．
- 34の正の約数は 1, 2, 17, 34 の4個であるから，34は今年の数でない．
- 43の正の約数は 1, 43 の2個であるから，43は今年の数でない．
- 52の正の約数は 1, 2, 4, 13, 26, 52 の6個であるから，52は今年の数である．

以上より，最小の今年の数は **52** である．

2. $\boxed{\dfrac{3}{2}}$

R を通り直線 AB に平行な直線と直線 BC, AD の交点をそれぞれ X, Y とおく．このとき，

$$\angle ASP = 90° - \angle APS = \angle BPQ, \quad \angle APS = 90° - \angle BPQ = \angle BQP,$$

$$SP = PQ$$

より三角形 ASP と三角形 BPQ は合同であり，同様にして三角形 XQR, YRS もこれらと合同となる．これより

$$BX = BQ + QX = AP + PB = AB = 8$$

であり，同様に AY = 8 が成り立つから，

$$CX = BC - BX = 11 - 8 = 3, \quad DY = AY - AD = 8 - 6 = 2$$

を得る．$\angle CRX = \angle DRY$, $\angle CXR = \angle DYR = 90°$ より三角形 CRX と DRY が相似であるから，

$$\frac{CR}{RD} = \frac{CX}{DY} = \frac{3}{2}$$

である.

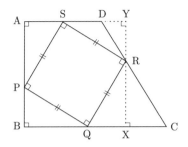

3. 　54 通り

　条件をみたす書き込み方において, A, B, C はすべて 2 回以上書き込まれる必要があるから, 各文字が書き込まれる回数は, A, B, C のうちいずれか 1 つが 3 回, 残り 2 つが 2 回となる.

　A が 3 回書き込まれた場合を考えると, このとき条件をみたす書き込み方は, AA, BB, CC, A の 4 つを並べ替えた後繋(つな)げて作れる文字列の種類数に等しい. まず, AA, BB, CC を並べ替える方法が $3 \cdot 2 \cdot 1 = 6$ 通りであり, これらの間, あるいは左端(はし), 右端のいずれかに A を挿入(そうにゅう)することを考える.

　A を挿入できる場所は 4 箇所存在するが, そのうち, AA のすぐ左に挿入した場合とすぐ右に挿入した場合を考えると, 繋げて文字列を作ったとき, これはいずれも A が 3 連続するから, 文字列として等しくなる. それら以外のものは異なるから, このような場合の書き込み方は, $6 \cdot (4 - 1) = 18$ 通りある.

　B または C が 3 回書き込まれているときも同様であり, 答は $3 \cdot 18 = \mathbf{54}$ 通りとなる.

4. 　6 個

　問題文の 10 個の式の中には, a, b, c, d, e から相異なる 2 つを選んで足し合わせた値がちょうど 1 回ずつ現れる.

　相異なる正の整数の和は 3 以上であるから, これが素数ならば奇(き)素数である.

$a,\ b,\ c,\ d,\ e$ のうち偶数が m 個，奇数が $5-m$ 個あるとすると，和が奇数となる 2 つの整数の組は $m(5-m)$ 個である．ここで，

$$m(5-m) = \begin{cases} 0 & (m=0,\ 5\ \text{のとき}), \\ 4 & (m=1,\ 4\ \text{のとき}), \\ 6 & (m=2,\ 3\ \text{のとき}) \end{cases}$$

であるから，10 個の式のうち，値が素数となるようなものは高々 6 個である．

一方で，$(a,\ b,\ c,\ d,\ e)=(1,\ 3,\ 4,\ 10,\ 16)$ とすれば，

$$a+c=5,\ \ a+d=11,\ \ a+e=17,\ \ b+c=7,\ \ b+d=13,\ \ b+e=19$$

はすべて素数であるから，答は **6** 個である．

5. $\boxed{\dfrac{17}{5}}$

直線 DE と直線 BC は平行であるから，

$$\frac{\text{AD}}{\text{AE}} = \frac{\text{DB}}{\text{EC}} = \frac{\text{AB}}{\text{AC}} = \frac{8}{9}$$

が成り立つ．すると方べきの定理より

$$\frac{\text{DP} \cdot \text{DQ}}{\text{EP} \cdot \text{EQ}} = \frac{\text{DA} \cdot \text{DB}}{\text{EA} \cdot \text{EC}} = \frac{8}{9} \cdot \frac{8}{9} = \frac{64}{81}$$

が従う．一方，$\text{DE}=x$ とおくと

$$\frac{\text{DP} \cdot \text{DQ}}{\text{EP} \cdot \text{EQ}} = \frac{2 \cdot (x+3)}{(x+2) \cdot 3}$$

であるから，

$$\frac{2 \cdot (x+3)}{(x+2) \cdot 3} = \frac{64}{81}$$

を得る．これを解くと $x = \dfrac{\mathbf{17}}{\mathbf{5}}$ であり，これが答である．

6. $\boxed{333433340000 \text{ 個}}$

$$a^2 - 20005a > b^2 - 20005b \quad \text{は} \quad a^2 - 20005a - b^2 + 20005b > 0$$

すなわち

$$(a - b)(a + b - 20005) > 0$$

と同値であるから, $a < b$ のときこれは $a + b - 20005 < 0$, すなわち $a + b < 20005$ と同値である.

同様に, $b < c$ のとき

$$b^2 - 20005b > c^2 - 20005c$$

は $b + c < 20005$ と同値である.

$a < c$ のとき $b + c < 20005$ ならば $a + b < b + c < 20005$ が成り立つことに注意すれば, 条件は $a < b < c$ かつ $b + c < 20005$ であることと同値である.

$c \leqq 10002$ のとき, $b < c$ より

$$b + c < c + c \leqq 2 \cdot 10002 < 20005$$

がつねに成り立つから, この場合は $1 \leqq a < b < c \leqq 10002$ をみたす正の整数の組 $(a,\ b,\ c)$ のすべてが条件をみたす.

このような組は, 1 以上 10002 以下の整数から相異なる 3 つを選び, それらを小さい順に並べたものに対応するので,

$$\frac{10002 \cdot 10001 \cdot 10000}{3 \cdot 2 \cdot 1} = 166716670000 \text{ 個}$$

ある.

$c \geqq 10003$ のとき, $c' = 20005 - c$ とおくと c' は 10002 以下の整数であり, このとき $b + c < 20005$ は

$$b + (20005 - c') < 20005$$

すなわち $b < c'$ と同値である.

$b < c'$ をみたせば $b < c' \leqq 10002 < c$ が成り立つから, 条件をみたす組 $(a,\ b,\ c)$ の個数は $1 \leqq a < b < c' \leqq 10002$ をみたす正の整数の組 $(a,\ b,\ c')$ の個数に等しい.

よって, このような組は上と同様に 166716670000 個ある.

以上より，条件をみたす組は $166716670000 \cdot 2 = \mathbf{333433340000}$ 個ある.

7. | 33 |

J 国以外の国について，その国の選手の得点が，300 人のうちで大きい方から a_1, a_2, a_3 番目 $(a_1 < a_2 < a_3)$ であるとする. このとき，$a_2 > 10$ かつ $a_3 > 100$ をみたす国は問題の条件をみたさない. なぜなら，

- (全体で 1 番目に大きい得点) > (全体で a_1 番目に大きい得点)
- (全体で 10 番目に大きい得点) > (全体で a_2 番目に大きい得点)
- (全体で 100 番目に大きい得点) > (全体で a_3 番目に大きい得点)

が成り立つので，その国の選手の得点の和は J 国の選手の得点の和を超えることがないからである.

よって，条件をみたす国は下のいずれかをみたす必要がある.

- $a_2 \leqq 10$，すなわち 2 人以上が全体で 10 番目以内にいる.
- $a_3 \leqq 100$，すなわち 3 人とも全体で 100 番目以内にいる.

このとき，J 国以外で，1 つめの条件をみたす国の数を x，1 つめの条件をみたさないが 2 つめの条件をみたす国の数を y とする. J 国の選手の順位に注意すると，

$$\begin{cases} 2x + 2 \leqq 10 \\ 2x + 3y + 3 \leqq 100 \end{cases}$$

が成り立つ. よって，$x \leqq 4$, $2x + 3y \leqq 97$ であり，このとき

$$3(x + y) = x + (2x + 3y) \leqq 101$$

が成り立つ.

条件をみたす国の数は $x + y$ であり，これは $\dfrac{101}{3} = 33 + \dfrac{2}{3}$ を超えないので，高々 33 であるとわかる.

次に，条件をみたす国の数が 33 以上になりうることを示す. 各選手の得点が，次のようになっているとする.

- $1 \leqq i \leqq 9$ について，全体で i 番目に大きい得点は $1001 - i$ である.
- $10 \leqq i \leqq 99$ について，全体で i 番目に大きい得点は $760 - i$ である.

- $100 \leqq i \leqq 300$ について，全体で i 番目に大きい得点は $300 - i$ である．

このとき，J 国の選手の得点はそれぞれ 1000, 750, 200 となる．

ここで，J 国以外の 99 か国を 国 1, 国 2, $\cdots$, 国 99 として，次が成立しているときを考える．

- $1 \leqq i \leqq 4$ について，国 i の選手はそれぞれ $2i$, $2i + 1$, $100 + i$ 番目に大きい得点を獲得した．
- $5 \leqq i \leqq 33$ について，国 i の選手はそれぞれ $3i - 4$, $3i - 3$, $3i - 2$ 番目に大きい得点を獲得した．

このとき，以下が成り立つ．

- $1 \leqq i \leqq 4$ について，国 i の選手の得点の和は

$$\big(1001 - 2i\big) + \big(1001 - (2i + 1)\big) + (200 - i) = 2201 - 5i$$

であり，これは 2181 以上である．

- $5 \leqq i \leqq 33$ について，国 i の選手の得点の和は

$$\big(760 - (3i - 4)\big) + \big(760 - (3i - 3)\big) + \big(760 - (3i - 2)\big) = 2289 - 9i$$

であり，これは 1992 以上である．

一方，J 国の選手の得点の和は

$$1000 + 750 + 200 = 1950$$

であるから，国 1, 国 2, $\cdots$, 国 33 は条件をみたしている．

よって，答は **33** である．

---

8. $$\boxed{\dfrac{8}{3}}$$

直線 AB と CD が平行であるとすると，四角形 ABCD が円に内接することから等脚台形になり，AC : BD = 1 : 2 に矛盾する．

よって直線 AB と CD は平行でないから，交点 P がとれる．P は線分 AB 上にも線分 CD 上にもないことに注意する．

3 点 P, A, B がこの順に並んでいたとする．このとき，3 点 P, D, C もこの順に並んでいる．

円周角の定理より $\angle\mathrm{PCA} = \angle\mathrm{PBD}$ が成り立つから，三角形 PCA と PBD は相似である．よって，

$$\mathrm{PA} : \mathrm{PD} = \mathrm{CA} : \mathrm{BD} = 1 : 2 \quad \text{および}$$

$$(\mathrm{PA} + 1) : (\mathrm{PD} + 3) = \mathrm{PB} : \mathrm{PC} = \mathrm{BD} : \mathrm{CA} = 2 : 1$$

を得る．

前者から $\mathrm{PA} < \mathrm{PD}$ が従うが，後者から $\mathrm{PA} = 2\mathrm{PD} + 5 > \mathrm{PD}$ が従うので矛盾する．

よって 3 点 P, B, A はこの順に並んでおり，したがって 3 点 P, C, D もこの順に並んでいる．

$x = \mathrm{PB}$, $y = \mathrm{PC}$ とおく．上と同様に三角形 PCA と PBD は相似であるから，

$$x : y = \mathrm{BD} : \mathrm{CA} = 2 : 1 \quad \text{および}$$

$$(x + 1) : (y + 3) = \mathrm{PA} : \mathrm{PD} = \mathrm{CA} : \mathrm{BD} = 1 : 2$$

が成り立つ．これを解くと

$$x = \frac{2}{3}, \quad y = \frac{1}{3}$$

を得る．また，四角形 ABCD は円に内接しているため $\angle\mathrm{PDA} = \angle\mathrm{PBC}$ が成り立つから，三角形 APD と CPB は相似であり，相似比は

$$\mathrm{AP} : \mathrm{CP} = \left(1 + \frac{2}{3}\right) : \frac{1}{3} = 5 : 1$$

であるとわかる．

ここで，四角形 ABCD の面積はこれらの三角形の面積の差で表されるから，四角形 ABCD の面積は三角形 CPB の面積の $5^2 - 1^2 = 24$ 倍に等しい．

以下，三角形 CPB の面積の最大値を求める．

2 辺の長さが定まっている三角形の面積は，その間の角が $90°$ のときが最大であるから，$\mathrm{PC} = \frac{1}{3}$, $\mathrm{PB} = \frac{2}{3}$ より，三角形 CPB の面積は

$$\frac{1}{2} \cdot \mathrm{PC} \cdot \mathrm{PB} = \frac{1}{9}$$

以下である．

逆に，角 P が直角である直角三角形 APD および，それぞれ辺 AP, PD 上にあ

る点 B, C が

$$AB = 1, \quad BP = \frac{2}{3}, \quad DC = 3, \quad CP = \frac{1}{3}$$

をみたしているとする．このとき，$PA \cdot PB = PC \cdot PD$ より，方べきの定理の逆から四角形 ABCD は円に内接しているので，上の議論と同様にして

$$AC : BD = PC : PB = 1 : 2$$

もわかる．

よって，この四角形 ABCD は条件をみたすため，三角形 CPB の面積の最大値が $\frac{1}{9}$ であることがわかる．

以上より，四角形 ABCD の面積の最大値は $24 \cdot \frac{1}{9} = \dfrac{8}{3}$ である．

9. $\boxed{2^{63} \text{ 通り}}$

図のように，いくつかの小三角形に A, B, C_1, C_2, $\cdots$, C_7 を書き込む．

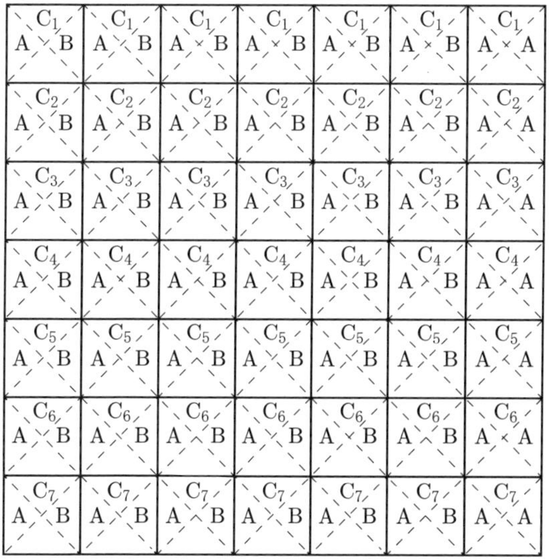

まず，A と書かれた 56 個の小三角形を自由に赤または青に塗る．このとき，B と書かれた小三角形を塗る方法は，2 つ目の条件より一意に定まる．

　　次に，条件をみたすように残りの小三角形を塗ることを考える．ここで，次の補題を示す．

補題　あるマスに含まれる小三角形のうちちょうど3個がすでに塗られているとき，そのマスに含まれる残りの1個の小三角形を1つ目の条件をみたすように塗る方法が一意に存在する．

証明　すでに塗られている3個の小三角形のうち赤で塗られているものが0個または2個のとき，残りの1個を赤で塗れば条件をみたし，青で塗れば条件をみたさない．一方，すでに塗られている3個の小三角形のうち赤で塗られているものが1個または3個のとき，残りの1個を青で塗れば条件をみたし，赤で塗れば条件をみたさない．∎

　　ここで，C_1 と書かれた小三角形を自由に赤または青に塗ると，補題より1行目のマスの残りの小三角形を塗る方法は一意に存在する．

　　i を1以上6以下の整数とし，A, B と書かれた小三角形および1行目から i 行目までのマスに含まれる小三角形が塗られているとき，2つ目の条件より C_{i+1} と書かれた小三角形を塗る方法が一意に存在する．

　　さらに補題より $i+1$ 行目のマスに含まれる残りの小三角形を1つ目の条件をみたすように塗る方法が一意に存在する．このように上の行のマスから順に塗っていくことで，文字が書かれていない小三角形を条件をみたすように塗る方法が一意に存在することがわかる．

　　以上より，A, C_1 と書かれた小三角形の塗り方を定めると，条件をみたす塗り方が1通りに定まるので，条件をみたす塗り方は $2^{56} \cdot 2^7 = \mathbf{2^{63}}$ 通りである．

10.　$\boxed{173\ 個}$

　　n を3以上2023以下の整数とする．このとき
$$1 < \frac{n}{n-1} = 1 + \frac{1}{n-1} < 2$$
が成り立つので，$n-1$ は n の約数ではない．よって，n の約数でないような正の整数が存在し，そのうち最小のものを k とすると $k \leqq n-1$ となる．

　n と k が互いに素であるとき，A さんが n と言った直後の操作で B さんは k と言うことができる．このとき，次に A さんが言うことができる数は k 未満なので n の約数しかなく，その操作でゲームは終了し A さんの負けとなる．よって A さんの行動にかかわらず B さんが必ず勝つことができる．

　逆に n と k が互いに素でないとき，B さんの行動にかかわらず A さんが必ず勝つことができることを示す．

　A さんが n と言った直後の操作で B さんが言った数を m とする．m が n の約数である場合は A さんが勝つ．

　m が n の約数でない場合を考える．このとき，k のとり方より $m \geqq k$ であり，n と m が互いに素であるが n と k が互いに素でないことから $m \neq k$ である．よって $m > k$ となる．

　m と k が互いに素であることを示す．m と k が共通の素因数 p をもつと仮定すると，n と m は互いに素であるので n と p も互いに素であり，特に p は n の約数でない．よって k のとり方より $k \leqq p$ が成り立つので，p が k の素因数であることより $k = p$ となる．しかし，これは n と k が互いに素でないことに矛盾するので，m と k が互いに素であることが示された．したがって，B さんが m と言った直後の操作で A さんは k と言うことができる．このとき，次に B さんが言うことができる数は k 未満なので n の約数しかなく，その操作でゲームは終了し B さんの負けとなる．

　よって B さんの行動にかかわらず A さんが必ず勝つことができる．

　以上より，3 以上 2023 以下の整数 n であって，n と k が互いに素でないものがいくつあるかを求めればよい．

　$k > 9$ のとき，n は 5, 7, 8, 9 の倍数であるので 2520 の倍数でもあり，このとき n は 2520 以上となるから条件をみたさない．

　また 1 は必ず n の約数であるので $2 \leqq k \leqq 9$ が成り立つとわかる．

　k が素数であるとき，k は n の約数でないことから n と k は互いに素であるので不適である．

　さらに $k = 6$ とすると n は 2, 3 の倍数であるので 6 の倍数となり k のとり方に矛盾する．

　以上より，$k = 4,\, 8,\, 9$ の場合について調べればよい．

- $k = 4$ のとき.

  n は 2, 3 の倍数であるので 6 の倍数でもある. また n は 4 の倍数ではないので 12 の倍数ではない. 逆に 6 の倍数であって 12 の倍数ではないような n について, n の約数でないような正の整数のうち最小のものは 4 となる. よって実数 x に対して x 以下の最大の整数を $[x]$ で表すことにすると, このとき条件をみたす n は

$$\left[\frac{2023}{6}\right] - \left[\frac{2023}{12}\right] = 169 \text{ 個}$$

  ある.

- $k = 8$ のとき.

  n は 3, 4, 5, 7 の倍数であるので 420 の倍数でもあるが, 8 の倍数ではない. 逆に 420 の倍数であって 8 の倍数ではないような n について, n の約数でないような正の整数のうち最小のものは 8 となる. よってこのとき条件をみたす n は 420 と 1260 の 2 個ある.

- $k = 9$ のとき.

  n は 3, 5, 7, 8 の倍数であるので 840 の倍数でもあるが, 9 の倍数ではない. 逆に 840 の倍数であって 9 の倍数ではないような n について, n の約数でないような正の整数のうち最小のものは 9 となる. よってこのとき条件をみたす n は 840 と 1680 の 2 個ある.

以上より, 条件をみたす n は $169 + 2 + 2 = \mathbf{173}$ 個ある.

11. 　$\boxed{2043736 \text{ 組}}$

A 市に住む生徒が k 人であるとすると, B 市に住む生徒は $2023 - k$ 人である. A 市に住む生徒の方が少ない, すなわち $k \leqq 1011$ であるとしても一般性を失わない.

A 市に住む生徒 k 人を A_1, A_2, $\cdots$, A_k とし, B 市に住む生徒 $2023 - k$ 人を B_1, B_2, $\cdots$, B_{2023-k} とおく.

d が奇数のとき,

$$d - \left[\frac{d}{2}\right] = \left[\frac{d}{2}\right] + 1$$

であり，d が偶数のとき，

$$d - \left[\frac{d}{2}\right] = \left[\frac{d}{2}\right]$$

であるから，任意の生徒 S に対し，S と異なる市に住む S の友人の人数は，S と同じ市に住む S の友人の人数と等しいか 1 人多いかのいずれかである．

互いに友人であるような 2 人組を単に**友人の組**とよぶことにする．$k = 0$ のときは友人の組が存在しない．

以下，$k \geqq 1$ の場合を考える．1 以上 k 以下の整数 i に対し，A_i の友人のうち A 市に住んでいるのは高々 $k - 1$ 人であるから，A_i の友人のうち B 市に住んでいるのは高々 k 人である．ゆえに，A 市に住む生徒と B 市に住む生徒の間の友人の組の数は高々 $k \cdot k = k^2$ である．

1 以上 $2023 - k$ 以下の整数 i に対し，B_i の友人のうち B 市に住む友人の数を b_i とおく．このとき，B 市に住む生徒どうしの友人の組の数は

$$\frac{b_1 + b_2 + \cdots + b_{2023-k}}{2}$$

である．B_i の友人のうち A 市に住んでいるのは b_i 人以上であるから，A 市に住む生徒と B 市に住む生徒の間の友人の組の数は $b_1 + b_2 + \cdots + b_{2023-k}$ 以上である．ゆえに，

$$b_1 + b_2 + \cdots + b_{2023-k} \leqq k^2$$

が成り立つから，B 市に住む生徒どうしの友人の組の数は高々 $\dfrac{k^2}{2}$ である．

A 市に住む生徒 2 人組の数はちょうど $\dfrac{k(k-1)}{2}$ なので，A 市に住む生徒どうしの友人の組の数は高々 $\dfrac{k(k-1)}{2}$ である．

以上より，JJMO 中学校全体での友人の組の数は高々

$$\frac{k(k-1)}{2} + k^2 + \frac{k^2}{2} = \frac{4k^2 - k}{2}$$

である．

$$\frac{4k^2 - k}{2} = 2\left(k - \frac{1}{8}\right)^2 - \frac{1}{32}$$

であるから，$1 \leqq k \leqq 1011$ より

$$\frac{4k^2 - k}{2} \leqq \frac{4 \cdot 1011^2 - 1011}{2} = 2043736.5$$

が成り立つ. ゆえに, 全体で友人の組の数は高々 2043736 である.

一方, $k = 1011$ であり, 生徒 2 人組のうち

$$(A_1, B_1), \ (A_2, B_2), \ \cdots, \ (A_{1011}, B_{1011}),$$

$$(B_1, B_2), \ (B_3, B_4), \ \cdots, \ (B_{1011}, B_{1012})$$

の 1517 組以外の $_{2023}C_2 - 1517 = 2043736$ 組すべてが友人の組であるときを考える. このとき, 任意の A 市に住む生徒にとって, A 市, B 市に住む友人の数はそれぞれ 1010, 1011 であり, B_{1012} 以外の任意の B 市に住む生徒にとって, A 市, B 市に住む友人の数はともに 1010 であり, B_{1012} にとって A 市, B 市に住む友人の数はそれぞれ 1011, 1010 であるから条件をみたしている.

以上より, 答は **2043736** 組である.

---

12. $\boxed{\sqrt{137}}$

M に関して P と対称（たいしょう）な点を Q とすると, 四角形 PBQC は対角線がそれぞれの中点で交わるから平行四辺形である.

また, D, B, C, E は同一円周上にあるから

$$\angle ADE = \angle ACB, \quad \angle AED = \angle ABC$$

が成り立つ. よって三角形 ADE と三角形 ACB は相似である.

また, D, B, C, E は同一円周上にあり, 直線 PC と直線 BQ は平行であるから,

$$\angle DEP = \angle PCB = \angle CBQ$$

である.

同様に $\angle EDP = \angle BCQ$ が従うから, 三角形 PDE と三角形 QCB は相似である. 三角形 ADE と三角形 ACB が相似であることと合わせれば, 四角形 ADPE と四角形 ACQB が相似であることが従う. よって $DE : BC = AP : AQ$ であるから

$$AQ = \frac{BC \cdot AP}{DE} = \frac{10 \cdot 9}{6} = 15$$

である. 中線定理より $AP^2 + AQ^2 = 2(PM^2 + AM^2)$ であるから,

$$\mathrm{AM}^2 = \frac{\mathrm{AP}^2 + \mathrm{AQ}^2}{2} - \mathrm{PM}^2 = \frac{9^2 + 15^2}{2} - 4^2 = 137$$

である．したがって，答は $\mathrm{AM} = \boldsymbol{\sqrt{137}}$ である．

本選問題

1. AB < BC, AC < BC なる鋭角三角形 ABC があり，その外接円を Γ とする．点 B, C を中心とし A を通る円をそれぞれ Γ_1, Γ_2 とする．Γ_1 と Γ_2，Γ_1 と Γ，Γ_2 と Γ の交点のうち A でない方をそれぞれ D, E, F とするとき，三角形 ABC と三角形 DEF は相似であることを示せ．

ただし，XY で線分 XY の長さを表すものとする．

2. 黒板に 2023 個の相異なる正の実数が書かれている．この中から相異なる 2 数 x, y を選んで $\dfrac{xy}{(x+y)^2}$ と表せる数はちょうど k 種類であった．このとき，k としてありうる最小の値を求めよ．

3. n を正の整数とする．まず，A さんが $n \times n$ のマス目の各マスに 1 以上 n^2 以下の相異なる整数を 1 つずつ書き込む．次に，B さんがどの 2 マスも辺を共有して隣りあわないようないくつかのマスを選び，それらのマスに書かれている整数の総和を**得点**とする．A さんの書き込み方によらず，B さんが得点をつねに M 以上にできるような整数 M としてありうる最大の値を求めよ．

4. 正の有理数の組 (a, b, c) であって，

$$a + \frac{c}{b}, \quad b + \frac{a}{c}, \quad c + \frac{b}{a}$$

がすべて整数になるようなものをすべて求めよ．

5. 三角形 ABC において，その外接円を Γ とし，辺 AC の中点を M とする．M を通るある直線が直線 BC, AB とそれぞれ点 P, Q で交わっている．ただし，3 点 P, B, C はこの順に並んでおり，P と B は相異なる．線分 PQ の中点を N とすると，直線 AN と Γ が A, N と異なる点 R で交わった．このとき，三角形 PRN の外接円は直線 BC に接することを示せ．

解答

1. D は Γ_1 上にあるので AB = DB であり，Γ_2 上にあるので AC = DC である．よって，三角形 DBC は三角形 ABC と合同であり，

$$\angle ABC = \angle DBC, \quad \angle ACB = \angle DCB$$

となる．一方で，F は Γ_2 上にあるので CA = CF であり，円周角の定理より

$$\angle ABC = \angle AFC = \angle FAC = \angle FBC$$

が成り立つ．

これらより $\angle DBC = \angle FBC$ であり，D と F は直線 BC に関して同じ側にあるので，3 点 B, D, F は同一直線上にある．

同様の議論により，3 点 C, D, E も同一直線上にある．

4 点 B, C, E, F は Γ 上にあるので，

$$\angle ABC = \angle DBC = \angle DEF \quad \text{および} \quad \angle ACB = \angle DCB = \angle DFE$$

となり，三角形 ABC と三角形 DEF が相似であることが示された．

2. 黒板に書かれた数を小さい順に $a_1, a_2, \cdots, a_{2023}$ とする．このとき，ある 2 以上 2023 以下の相異なる整数の組 (i, j) について

$$\frac{a_1 a_i}{(a_1 + a_i)^2} = \frac{a_1 a_j}{(a_1 + a_j)^2}$$

が成り立つとすると，$a_1 a_i (a_1 + a_j)^2 = a_1 a_j (a_1 + a_i)^2$ となり，

$$a_1(a_1^2 a_i + 2a_1 a_i a_j + a_i a_j^2) = a_1(a_1^2 a_j + 2a_1 a_i a_j + a_i^2 a_j)$$

を得る．さらに移項して整理すると

$$a_1(a_i - a_j)(a_1^2 - a_i a_j) = 0$$

を得るが，

$$a_1 > 0, \quad a_i - a_j \neq 0, \quad a_1^2 - a_i a_j < a_1^2 - a_1 \cdot a_1 = 0$$

であるから矛盾する．したがって，

$$\frac{a_1 a_2}{(a_1 + a_2)^2}, \quad \frac{a_1 a_3}{(a_1 + a_3)^2}, \quad \cdots, \quad \frac{a_1 a_{2023}}{(a_1 + a_{2023})^2}$$

は相異なるため，k は 2022 以上であることがわかる.

逆に，2023 以下の正の整数 n に対し $a_n = 2^n$ であるとする. このとき，任意の $1 \leqq i < j \leqq 2023$ となる正の整数の組 (i, j) に対し，

$$\frac{a_i a_j}{(a_i + a_j)^2} = \frac{a_j a_i}{(a_j + a_i)^2} = \frac{2^j 2^i}{(2^j + 2^i)^2} = \frac{1}{2^{j-i} + 2 + \dfrac{1}{2^{j-i}}}$$

は，

$$\frac{1}{2^1 + 2 + \dfrac{1}{2^1}}, \quad \frac{1}{2^2 + 2 + \dfrac{1}{2^2}}, \quad \cdots, \quad \frac{1}{2^{2022} + 2 + \dfrac{1}{2^{2022}}}$$

のいずれかであるから，このとき k は 2022 以下であり，先の議論と合わせて $k=2022$ となる.

以上より，答は 2022 である.

3. 上から i 行目，左から j 列目のマスをマス (i, j) で表す. また，実数 r に対して r 以上の最小の整数を $\lceil r \rceil$ で表す. たとえば，$\lceil 3.14 \rceil = 4$，$\lceil 5 \rceil = 5$ である.

マス (i, j) を，$i + j$ が奇数になるとき奇数マス，偶数になるとき偶数マスとよぶことにする. 奇数マスどうし，偶数マスどうしは辺を共有して隣りあわないから，B さんは奇数マスすべて，または偶数マスすべてを選ぶことができる.

どのマスも奇数マスまたは偶数マスであるから，B さんは得点を 1 以上 n^2 以下の整数の総和の半分以上にすることができる. したがって，

$$M \geqq \frac{1}{2} \cdot \frac{n^2(n^2 + 1)}{2}$$

より，

$$M \geqq \left\lceil \frac{n^2(n^2 + 1)}{4} \right\rceil$$

を得る.

次に，$M \leqq \left\lceil \dfrac{n^2(n^2 + 1)}{4} \right\rceil$ であることを示す.

補題 マス X とマス Y，マス Y とマス Z，マス Z とマス W がそれぞれ辺を共有して隣りあうような相異なる 4 つのマス X, Y, Z, W を考える.

　1 以上 n^2-3 以下の整数 x について, 4 つのマス X, Y, Z, W にそれぞれ x, $x+$ 2, $x+3$, $x+1$ を書き込むと, 4 つのマスから, どの 2 マスも辺を共有して隣りあわないようにいくつかのマスを選んだとき, 選んだマスに書かれた整数の総和は高々 $2x+3$ である. 特に, 4 つのマスに書かれた整数の総和の半分以下である.

証明　マス Z を選んだ場合, 他に選べるのはマス X のみであり, 求める総和は高々 $(x+3)+x=2x+3$ である.

　マス Z を選ばなかった場合, マス X とマス Y のいずれかしか選べないことに注意すると, 求める総和は高々 $(x+2)+(x+1)=2x+3$ である. ∎

　左上のマス $(1, 1)$ からはじめて,

$$(1, 1) \rightarrow (1, 2) \rightarrow \cdots \rightarrow (1, n) \rightarrow (2, n) \rightarrow (2, n-1) \rightarrow \cdots \rightarrow (2, 1)$$
$$\rightarrow (3, 1) \rightarrow (3, 2) \rightarrow \cdots$$

のように上の行から順に端から端まで辺を共有して隣りあうマスに移動していくことを考える. このとき, はじめにいたマスを 1 番目のマス, その次に移動したマスを 2 番目のマス, $\cdots$, 最後にいたマスを n^2 番目のマスとよぶことにすると, 1 以上 n^2-1 以下の整数 i について, i 番目のマスと $i+1$ 番目のマスは辺を共有して隣りあう. したがって, 1 以上 n^2-3 以下の整数 i について, i 番目, $i+1$ 番目, $i+2$ 番目, $i+3$ 番目の 4 マスは補題の条件をみたす.

　以下, n の偶奇で場合分けして考える.

　(1)　n が偶数のとき.

　1 番目のマスから順に 4 マスずつ組にすることで, $n \times n$ のマス目全体を補題の条件をみたすような 4 つのマスの組 $\dfrac{n^2}{4}$ 個に分けることができる.

　A さんがそれぞれの組に $\{1, 2, 3, 4\}$, $\{5, 6, 7, 8\}$, $\cdots$, $\{n^2-3, n^2-2, n^2-1, n^2\}$ を補題のように書いた場合, B さんはどのようなマスの選び方をしても, 得点はマス目に書かれた整数の総和の半分以下となる. したがって,

$$M \leqq \frac{n^2(n^2+1)}{4} = \left\lceil \frac{n^2(n^2+1)}{4} \right\rceil$$

を得る.

(2)　n が奇数のとき.

1 番目のマスを S とし, それ以降のマスを順に 4 マスずつ組にすることで, $n \times n$ のマス目全体を 1 つのマス S と補題の条件をみたすような 4 つのマスの組 $\dfrac{n^2 - 1}{4}$ 個に分けることができる.

A さんがマス S に 1 を書き, それぞれの組に $\{2,\ 3,\ 4,\ 5\}$, $\{6,\ 7,\ 8,\ 9\}$, $\cdots$, $\{n^2 - 3,\ n^2 - 2,\ n^2 - 1,\ n^2\}$ を補題のように書いた場合, B さんはどのようなマスの選び方をしても, 得点は

$$1 + \frac{2 + 3 + \cdots + n^2}{2} = \frac{1}{2} + \frac{1 + 2 + \cdots + n^2}{2}$$

$$= \frac{n^2(n^2 + 1)}{4} + \frac{1}{2} = \left\lceil \frac{n^2(n^2 + 1)}{4} \right\rceil$$

以下となる. したがって,

$$M \leqq \left\lceil \frac{n^2(n^2 + 1)}{4} \right\rceil$$

を得る.

以上より, 答は $M = \left\lceil \dfrac{n^2(n^2 + 1)}{4} \right\rceil$ である.

4.　以下では, 正の整数 m, n について m が n で割りきれることを $n \mid m$ で表す.

正の整数 x, y, z, X, Y, Z であって, x と X, y と Y, z と Z が互いに素であるものを用いて $a = \dfrac{x}{X}$, $b = \dfrac{y}{Y}$, $c = \dfrac{z}{Z}$ と表す. このとき,

$$a + \frac{c}{b} = \frac{xyZ + XYz}{XyZ}$$

は整数であるので, $X \mid xyZ$, $y \mid XYz$, $Z \mid XYz$ である. ここで x と X, y と Y, z と Z は互いに素なので, $X \mid yZ$, $y \mid Xz$, $Z \mid XY$ がわかる. さらに $b + \dfrac{a}{c}$ および $c + \dfrac{b}{a}$ も整数となることから, 同様の議論により,

$$x \mid yZ, \qquad y \mid zX, \qquad z \mid xY,$$

$$X \mid yZ, \qquad Y \mid zX, \qquad Z \mid xY,$$
$$X \mid YZ, \qquad Y \mid ZX, \qquad Z \mid XY$$

が成り立つことがわかる.

$X \mid yZ$, $X \mid YZ$ より, X は yZ と YZ の最大公約数の約数であるが, y と Y は互いに素であるから, $X \mid Z$ である. 同様にして $Y \mid X$, $Z \mid Y$ が成り立ち, 特に $X \leqq Z$, $Y \leqq X$, $Z \leqq Y$ である.

これにより $X \leqq Z \leqq Y \leqq X$ なので, $X = Y = Z$ でなければならない.

よって x は $yZ = yX$ を割りきり, また x と X が互いに素であることから, $x \mid y$ である. 同様にして, $y \mid z$, $z \mid x$ であるから, $x = y = z$ となる.

以上より, $a = b = c$ を得る.

いま, $a + \dfrac{c}{b}$, $b + \dfrac{a}{c}$, $c + \dfrac{b}{a}$ は整数であり, いずれも $a + 1$ に等しいので, a は正の整数でなければならない. 逆に $a = b = c$ かつ a が正の整数であれば, 題意はみたされる.

以上より, 求める組 (a, b, c) は, 正の整数 k を用いて $(a, b, c) = (k, k, k)$ と表せるものすべてである.

参考　0 でない有理数 r と素数 p について, r の分子が p で割りきれる回数から分母が p で割りきれる回数を引いたものを $\mathrm{ord}_p(r)$ で表し, r の p についてのオーダーとよばれることが多い. オーダーには次の性質がある.

- $\mathrm{ord}_p(r_1 r_2) = \mathrm{ord}_p(r_1) + \mathrm{ord}_p(r_2)$, 特に $\mathrm{ord}_p(-r) = \mathrm{ord}_p(r)$.
- $\mathrm{ord}_p(r_1) > \mathrm{ord}_p(r_2)$ のとき, $\mathrm{ord}_p(r_1 + r_2) = \mathrm{ord}_p(r_2)$.
- $\mathrm{ord}_p(r_1) = \mathrm{ord}_p(r_2)$ かつ $r_1 + r_2 \neq 0$ のとき, $\mathrm{ord}_p(r_1 + r_2) \geqq \mathrm{ord}_p(r_2)$.
- r が整数であることと, 任意の素数 p について $\mathrm{ord}_p(r) \geqq 0$ であることが同値である.

これらの性質を用いて, 次のようにして a, b, c が整数であることを示すことも可能である.

ある素数 p に対して, $\mathrm{ord}_p(a)$, $\mathrm{ord}_p(b)$, $\mathrm{ord}_p(c)$ の中に負のものがあるとして矛盾を導く.

これらのうち最小のものが $\mathrm{ord}_p(a)$ であるとしてよく, このとき

$$\mathrm{ord}_p\left(\frac{b}{a}\right) = \mathrm{ord}_p(b) - \mathrm{ord}_p(a) \geqq 0$$

であるから，

$$\mathrm{ord}_p(c) = \mathrm{ord}_p\left(\left(c + \frac{b}{a}\right) + \left(-\frac{b}{a}\right)\right) \geqq 0$$

となる．これより

$$\mathrm{ord}_p\left(\frac{a}{c}\right) = \mathrm{ord}_p(a) - \mathrm{ord}_p(c) < 0$$

であるから，

$$\mathrm{ord}_p(b) = \mathrm{ord}_p\left(\left(b + \frac{a}{c}\right) + \left(-\frac{a}{c}\right)\right) = \mathrm{ord}_p\left(\frac{a}{c}\right) = \mathrm{ord}_p(a) - \mathrm{ord}_p(c)$$

が成り立つ．よって，

$$\mathrm{ord}_p(a) \leqq \mathrm{ord}_p(b) = \mathrm{ord}_p(a) - \mathrm{ord}_p(c) \leqq \mathrm{ord}_p(a)$$

となるので，

$$\mathrm{ord}_p(a) = \mathrm{ord}_p(b) < 0, \quad \mathrm{ord}_p(c) = 0$$

である．すると $a + \dfrac{c}{b}$ が整数にならず矛盾する．

5. 相異なる 3 点 X, Y, Z に対して，直線 XY を X を中心に反時計周りに角度 θ だけ回転させたときに直線 XZ に一致するとき，この θ を $\angle$YXZ で表す．ただし，180° の差は無視して考える．

N に関して A と対称な点を A′ とする．このとき，M は線分 AC の中点であるから，三角形 ACA′ において中点連結定理より NM // A′C となる．また，N は線分 PQ および線分 AA′ の中点であるから，四角形 QAPA′ は平行四辺形である．

これより直線 BC に関して A′ は A と異なる側にある．また，R は A と同じ側にあるので，特に A′ と R は異なる．

QA // PA′ より

$$\angle PA'R = \angle BAR = \angle BCR$$

となるから，円周角の定理の逆より P, A′, R, C は同一円周上にある．よって，
NM // A′C より

$$\angle CPR = \angle CA'R = \angle PNR$$

となる．接弦定理の逆より三角形 PRN の外接円が直線 BC に接することが従う．

第22回日本ジュニア数学オリンピック(2024)

予選問題

1. 各桁の和が8であり，1を足すと平方数になる正の整数を**今年の数**とよぶ．た とえば2024は今年の数である．5桁の今年の数のうち，最小のものを求めよ．

2. 下図のように，点Oを中心とする2つの円 Γ_1, Γ_2 がある．Γ_1 上の相異なる2 点A, Bについて，線分ABは Γ_2 と相異なる2点で交わっており，2つの交点 のうちBに近い方をCとする．また，Γ_2 上に点Dがあり，直線ADは Γ_2 に 接している．AC = 9, AD = 6が成り立つとき，線分BCの長さを求めよ．た だし，XYで線分XYの長さを表すものとする．

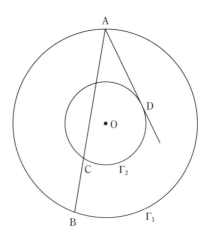

3. 白い石，黒い石合わせて2024個を横一列に並べたところ，右隣に白い石が置 かれている黒い石の個数より，左隣に白い石が置かれている黒い石の個数の方

が大きくなった. このような並べ方は何通りあるか.

4. 正の有理数 x は小数で表したとき有限小数となり, 整数部分と小数部分の積が 42 であるという. このような x としてありうる最小のものを求めよ.

　　ただし, 有限小数とは, 2.024 や 5 のように小数点以下の桁数が有限である小数のことをいう. なお, 正の実数 r に対して r 以下の最大の整数を r の整数部分といい, r から r の整数部分を引いたものを r の小数部分という. たとえば, 2.024 の整数部分は 2, 小数部分は 0.024 であり, 5 の整数部分は 5, 小数部分は 0 である.

5. BC $= 1$, $\angle$C $= 90^\circ$, AC $=$ AD をみたす四角形 ABCD がある. 三角形 ABD と三角形 BCD が相似であるとき, 四角形 ABCD の面積を求めよ.

　　ただし, XY で線分 XY の長さを表すものとする.

6. 最大公約数が 1 である正の整数の組 $(a_1, a_2, a_3, a_4, a_5, a_6)$ であって,
$$\frac{a_1}{a_2}, \ \frac{2a_2}{a_3}, \ \frac{3a_3}{a_4}, \ \frac{4a_4}{a_5}, \ \frac{5a_5}{a_6}, \ \frac{6a_6}{a_1}$$
がすべて整数となるようなものはいくつあるか.

7. n を 10^{98} 以上 10^{100} 未満の整数とする. 黒板に 1 以上 n 以下の整数を 1 つずつ書き, 黒板に書かれた数が 3 つ以下になるまで次の操作を繰り返す.

　　黒板に書かれた数のうち, 小さい方から平方数番目のものすべてを同時に消す.

操作が終了したときに黒板に残っている数がちょうど 3 つになるような n はいくつあるか.

8. 2024×2024 のマス目の各マスに J, M, O のいずれか 1 文字を書き込む方法であって, 次の条件をともにみたすものは何通りあるか.

- どの 2×2 のマス目についても, J が 2 個, M が 1 個, O が 1 個書き込まれている.

- 上から奇数行目かつ左から奇数列目のマスには J が書き込まれている.

ただし, 回転や裏返しによって一致する書き込み方も異なるものとして数える.

9. 2024 個のマス $1, 2, \ldots, 2024$ と 1 つの駒があり, はじめに駒はマス 1 に置かれている. 1 以上 2024 以下の整数 k に対して, 駒がマス k に置かれているとき, 次のいずれかの操作を行うことができる.

(1) 駒をマス $k-1$ に移動させる.

(2) 駒をマス $k+1$ に移動させる.

(3) 駒をマス $k-2$ に移動させる. ただし, この操作は k が偶数のときにのみ行うことができる.

(4) 駒をマス $k+2$ に移動させる. ただし, この操作は k が奇数のときにのみ行うことができる.

操作を 2024 回行う方法であって, 駒がマス 1 を途中で訪れることなくそれ以外のすべてのマスをちょうど 1 回ずつ訪れて, マス 1 に戻ってくるようなものは何通りあるか.

ただし, マス 0, 2025 はそれぞれマス 2024, 1 を表すものとする.

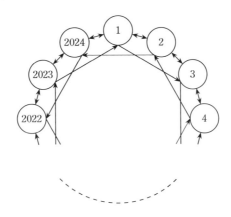

10. $BC = 16$ をみたす三角形 ABC の辺 BC 上に, $BD = 1, EC = 7$ をみたす点 D, E がある. 点 D を通り辺 AC に平行な直線と E を通り辺 AB に平行な直線

の交点を F とすると，F は三角形 ABC の外接円上にあった．三角形 DEF の外接円が辺 AB と接しているとき，辺 AB の長さを求めよ．ただし，XY で線分 XY の長さを表すものとする．

11. $a_1, a_2, \ldots, a_{100}$ を $1, 2, \ldots, 100$ の並べ替えとし，1 以上 100 以下の整数 n に対し，整数 s_n を

$$s_n = \begin{cases} 1 & (a_n > n \text{ のとき}), \\ 0 & (a_n = n \text{ のとき}), \\ -1 & (a_n < n \text{ のとき}) \end{cases}$$

と定める．このとき，整数の組 $(s_1, s_2, \ldots, s_{100})$ としてありうるものはいくつあるか．

　　ただし，$1, 2, \ldots, 100$ の並べ替えとは，1 以上 100 以下の整数がちょうど 1 回ずつ現れる長さ 100 の数列である．

12. N を正の整数とする．以下の条件をすべてみたす $2N$ 個の正の整数 $a_1, a_2, \ldots, a_N, x_1, x_2, \ldots, x_N$ が存在するとき，N としてありうる最大の値を求めよ．

- $x_1, x_2, \ldots, x_N$ はいずれも $9 \cdot 10^{100}$ の約数である．
- 任意の 1 以上 $N-1$ 以下の整数 i について，$x_i \neq x_{i+1}$ である．
- 任意の 1 以上 $N-1$ 以下の整数 i について，a_{i+1} は a_i の末尾に x_i を付け加えて得られる．
- 任意の 1 以上 N 以下の整数 i について，a_i は x_i の倍数である．

　　ただし，正の整数 s, t に対して，s の末尾に t を付け加えて得られる数とは，s の 10 進数表記の直後に t の 10 進数表記を並べて得られる整数のことである．たとえば，2024 の末尾に 22 を付け加えて得られる数は 202422 である．

解答

1. $\boxed{10403}$

n を 5 桁の今年の数とする．このとき $\sqrt{n+1} \geqq \sqrt{10001} > 100$ であり，$\sqrt{n+1}$ が整数であることから $\sqrt{n+1} \geqq 101$ が成り立つ．$\sqrt{n+1} = 101$ のとき $n = 10200$ となり，n の各桁の和が 3 となるため不適である．$\sqrt{n+1} = 102$ のとき $n = 10403$ となり，n の各桁の和が 8 となるため適する．$\sqrt{n+1} \geqq 103$ のとき $n \geqq 103^2 - 1 > 10403$ となるから，答は **10403** である．

2. $\boxed{4}$

O から線分 AB におろした垂線の足を H とする．このとき，OA = OB より直線 OH は線分 AB の垂直二等分線であるから，H は線分 AB の中点である．ここで，線分 AB と Γ_2 の交点のうち，C でないものを E とすれば，OC = OE より直線 OH は線分 CE の垂直二等分線でもあるから，H は線分 CE の中点でもある．したがって，

$$BC = BH - CH = AH - EH = AE$$

が成り立つ．一方で，方べきの定理より $AD^2 = AC \cdot AE$ であるから，求める長さは

$$BC = AE = \frac{AD^2}{AC} = \frac{6^2}{9} = 4$$

である．

別解 点 C における Γ_2 の接線と Γ_1 の交点を F, G とする．このとき OA = OF，OC = OD であり，また接線の性質より $\angle ODA = \angle OCF = 90°$ であるから，三角形 OAD と三角形 OFC は合同である．よって，CF = AD = 6 であり，同様にして CG = AD = 6 もわかる．

よって，方べきの定理より $AC \cdot BC = CF \cdot CG$ であることに注意すれば，

$$BC = \frac{CF \cdot CG}{AC} = \frac{6 \cdot 6}{9} = 4$$

である．

3. $\boxed{2^{2022} \text{ 通り}}$

1 以上 2024 以下の整数 k に対し,左から k 番目の石が白い石であるとき $a_k = 1$, 黒い石であるとき $a_k = 0$ と定める.このとき,2024 個の石の並べ方と,0 または 1 からなる列 $a_1, a_2, \ldots, a_{2024}$ が一対一に対応する.ここで,1 以上 2023 以下の整数 k に対し,

$$a_k - a_{k+1} = \begin{cases} 1 & (\text{左から } k \text{ 番目, } k+1 \text{ 番目の石がそれぞれ} \\ & \quad \text{白い石, 黒い石であるとき}) \\ -1 & (\text{左から } k \text{ 番目, } k+1 \text{ 番目の石がそれぞれ} \\ & \quad \text{黒い石, 白い石であるとき}) \\ 0 & (\text{その他のとき}) \end{cases}$$

が成り立つ.よって,問題の条件は

$$(a_1 - a_2) + (a_2 - a_3) + \cdots + (a_{2023} - a_{2024}) \geqq 1$$

と同値である.左辺は $a_1 - a_{2024}$ に等しいので,これは $a_1 = 1$ かつ $a_{2024} = 0$ が成り立つこととも同値である.以上より,求める場合の数は 0 または 1 からなる列 $a_2, a_3, \ldots, a_{2023}$ の個数に等しいので,答は $\mathbf{2^{2022}}$ 通りである.

4. $\boxed{48.875}$

x の整数部分を n,小数部分を y とおく.このとき $0 \leqq y < 1$ なので,$ny = 42$ とあわせて $n \geqq 43$ である.また,条件より y は小数で表したとき有限小数となる.

補題 互いに素である正の整数 a, b を用いて $\dfrac{a}{b}$ と表される有理数が有限小数であるとき,b は 2, 5 以外の素因数をもたない.

証明 $\dfrac{a}{b}$ の小数点以下の桁数が k であるとき,$\dfrac{10^k a}{b}$ は整数である.ここで,a と b は互いに素であるから,b は $10^k = 2^k \cdot 5^k$ を割りきる.よって,b は 2, 5 以外の素因数をもたない.■

$43 \leqq n \leqq 47$ のとき,$ny = 42$ より組 (n, y) としてありうるものは

$$\left(43, \frac{42}{43}\right), \ \left(44, \frac{21}{22}\right), \ \left(45, \frac{14}{15}\right), \ \left(46, \frac{21}{23}\right), \ \left(47, \frac{42}{47}\right)$$

である．しかし，y はいずれも既約分数として表したとき分母に $2, 5$ 以外の素因数が現れることから，補題より有限小数とならず，対応する x は条件をみたさない．

一方 $n = 48$ のとき，$y = \frac{7}{8} = 0.875$ は有限小数であるから，$x = 48 + \frac{7}{8} = 48.875$ は条件をみたす．$n \geqq 49$ のとき $x \geqq n > 48.875$ であるから，求める値は **48.875** である．

5. $\boxed{\dfrac{5\sqrt{2}}{4}}$

三角形 ABD と三角形 BCD が相似であることから，$\angle ABD = \angle BCD = 90°$ である．また，辺 CD の中点を M とすると，AC $=$ AD より $\angle AMD = 90°$ であるから，4 点 A, B, D, M はすべて辺 AD を直径とする円上にある．また，直線 BC と直線 AM はともに直線 CD に直交することから平行である．よって，

$$\angle CBM = \angle AMB = \angle ADB = \angle BDC$$

を得る．したがって，三角形 BCD と三角形 MCB は相似であるから，

$$BC : CD = CM : BC = \frac{1}{2}CD : BC$$

である．ゆえに，$BC^2 = \frac{1}{2}CD^2$ であるから $CD = \sqrt{2}BC = \sqrt{2}$ が成り立ち，三角形 BCD の面積は $\frac{1}{2}BC \cdot CD = \frac{\sqrt{2}}{2}$ である．また，三角形 ABD と三角形 BCD の相似比は $BD : CD = \sqrt{1^2 + (\sqrt{2})^2} : \sqrt{2} = \sqrt{3} : \sqrt{2}$ であるから，答は

$$\frac{\sqrt{2}}{2}\left(1 + \left(\frac{\sqrt{3}}{\sqrt{2}}\right)^2\right) = \frac{5\sqrt{2}}{4} \quad である．$$

6. $\boxed{15876 \text{ 個}}$

$b_1 b_2 b_3 b_4 b_5 b_6 = 6!$ をみたす正の整数の組 $(b_1, b_2, \ldots, b_6)$ を **良い組** とよぶ．問題の条件をみたす組の個数と良い組の個数が等しいことを示す．以下，$a_7 = a_1$ と

する.

　問題の条件をみたす組 $(a_1, a_2, \ldots, a_6)$ に対し, $b_i = \dfrac{ia_i}{a_{i+1}}$ $(i = 1, 2, \ldots, 6)$ とおく. このとき

$$b_1 b_2 b_3 b_4 b_5 b_6 = \frac{a_1}{a_2} \cdot \frac{2a_2}{a_3} \cdot \frac{3a_3}{a_4} \cdot \frac{4a_4}{a_5} \cdot \frac{5a_5}{a_6} \cdot \frac{6a_6}{a_1} = 6!$$

であるから, $(b_1, b_2, \ldots, b_6)$ は良い組である.

　ここで, 問題の条件をみたす 2 つの組 $(a_1, a_2, \ldots, a_6)$, $(a'_1, a'_2, \ldots, a'_6)$ に対して

$$\frac{a_1}{a_2} = \frac{a'_1}{a'_2}, \qquad \frac{2a_2}{a_3} = \frac{2a'_2}{a'_3}, \qquad \frac{3a_3}{a_4} = \frac{3a'_3}{a'_4},$$

$$\frac{4a_4}{a_5} = \frac{4a'_4}{a'_5}, \qquad \frac{5a_5}{a_6} = \frac{5a'_5}{a'_6}, \qquad \frac{6a_6}{a_1} = \frac{6a'_6}{a'_1}$$

であるとすると,

$$a_1 : a_2 : a_3 : a_4 : a_5 : a_6 = a'_1 : a'_2 : a'_3 : a'_4 : a'_5 : a'_6$$

が成り立ち, $a_1, a_2, \ldots, a_6$ の最大公約数と $a'_1, a'_2, \ldots, a'_6$ の最大公約数がともに 1 であることとあわせて $(a_1, a_2, \ldots, a_6) = (a'_1, a'_2, \ldots, a'_6)$ となる. すなわち, この対応によって, 相異なる問題の条件をみたす組は相異なる良い組に対応する.

　さらに, 良い組 $(b_1, b_2, \ldots, b_6)$ に対し,

$$c_1 = b_1 b_2 b_3 b_4 b_5, \qquad c_2 = 1 \cdot b_2 b_3 b_4 b_5, \qquad c_3 = 1 \cdot 2 \cdot b_3 b_4 b_5,$$

$$c_4 = 1 \cdot 2 \cdot 3 \cdot b_4 b_5, \qquad c_5 = 1 \cdot 2 \cdot 3 \cdot 4 \cdot b_5, \qquad c_6 = 1 \cdot 2 \cdot 3 \cdot 4 \cdot 5$$

とし, $c_1, c_2, c_3, c_4, c_5, c_6$ の最大公約数を g とおき, $a_i = \dfrac{c_i}{g}$ $(1 \leqq i \leqq 6)$ とする. このとき, $a_1, a_2, \ldots, a_6$ の最大公約数は 1 であり, $i = 1, 2, \ldots, 5$ に対して $\dfrac{ia_i}{a_{i+1}} = \dfrac{ic_i}{c_{i+1}} = b_i$ をみたし, さらに

$$\frac{6a_6}{a_1} = \frac{6c_6}{c_1} = \frac{1 \cdot 2 \cdot 3 \cdot 4 \cdot 5 \cdot 6}{b_1 b_2 b_3 b_4 b_5} = \frac{b_1 b_2 b_3 b_4 b_5 b_6}{b_1 b_2 b_3 b_4 b_5} = b_6$$

となる. よって, $(a_1, a_2, \ldots, a_6)$ は問題の条件をみたし, $(b_1, b_2, \ldots, b_6)$ に対応する. 以上より, 問題の条件をみたす組と良い組は 1 対 1 に対応し, 問題の条件をみたす組の個数は良い組の個数に等しい.

　したがって, 良い組 $(b_1, b_2, \ldots, b_6)$ の個数を求めればよい. $6! = 2^4 \cdot 3^2 \cdot 5$ よ

り，$i = 1, 2, \ldots, 6$ に対して $b_i = 2^{p_i} 3^{q_i} 5^{r_i}$ (p_i, q_i, r_i は非負整数) と素因数分解
でき，条件は

$$p_1 + p_2 + \cdots + p_6 = 4, \quad q_1 + q_2 + \cdots + q_6 = 2, \quad r_1 + r_2 + \cdots + r_6 = 1$$

と言いかえられる．$p_1 + p_2 + \cdots + p_6 = 4$ なる非負整数の組 $(p_1, p_2, \ldots, p_6)$
は，4 個の玉が並べられているとき，5 個の仕切りをそれぞれ左から $p_1, p_1 + p_2,$
$\ldots, p_1 + p_2 + p_3 + p_4 + p_5$ 番目の玉のすぐ右に挿入することと 1 対 1 に対応
させることができ，これは 9 個の玉のうち 5 つを選んで仕切りと取り換える
方法の数と等しい．よって，非負整数の組 $(p_1, p_2, \ldots, p_6)$ は ${}_9\mathrm{C}_5$ 個存在する．
同様に，$q_1 + q_2 + \cdots + q_6 = 2$ なる非負整数の組 $(q_1, q_2, \ldots, q_6)$ は ${}_7\mathrm{C}_5$ 個，
$r_1 + r_2 + \cdots + r_6 = 1$ なる非負整数の組 $(r_1, r_2, \ldots, r_6)$ は ${}_6\mathrm{C}_5$ 個存在するから，
答は ${}_9\mathrm{C}_5 \cdot {}_7\mathrm{C}_5 \cdot {}_6\mathrm{C}_5 = \mathbf{15876}$ である．

7. $\boxed{18 \cdot 10^{49} \text{ 個}}$

正の整数 k について **k 番目の美しい数**を $\left\lfloor \dfrac{k^2 + 4k + 8}{4} \right\rfloor$ と定める．ただし，実
数 r に対して r を超えない最大の整数を $\lfloor r \rfloor$ で表す．k が偶数のとき，$k = 2l$ と
なる正の整数 l をとると，

$$\left\lfloor \frac{k^2 + 4k + 8}{4} \right\rfloor = \lfloor l^2 + 2l + 2 \rfloor = l^2 + 2l + 2 = \frac{k^2 + 4k + 8}{4}$$

であり，k が奇数のとき，$k = 2l - 1$ となる正の整数 l をとると，

$$\left\lfloor \frac{k^2 + 4k + 8}{4} \right\rfloor = \left\lfloor l^2 + l + \frac{5}{4} \right\rfloor = l^2 + l + 1 = \frac{k^2 + 4k + 7}{4}$$

となる．

すなわち k 番目の美しい数は k が偶数のとき $\dfrac{k^2 + 4k + 8}{4}$，k が奇数のとき
$\dfrac{k^2 + 4k + 7}{4}$ である．このとき，次の補題が成立する．

補題　s を 4 以上の整数，k を正の整数とする．黒板に相異なる整数が s 個書か
れているときに操作を 1 回行い，黒板に残った整数の個数を t とする．このと
き，次の 2 つの条件は同値である．

(1) s は $k+1$ 番目の美しい数である.

(2) t は k 番目の美しい数である.

$\boxed{\text{補題の証明}}$　1 回の操作で整数は $\lfloor\sqrt{s}\rfloor$ 個消されるので, $t = s - \lfloor\sqrt{s}\rfloor$ である.

　s が $k+1$ 番目の美しい数であるとき, t が k 番目の美しい数であることを示す. k が偶数のとき, $k = 2l$ となる正の整数 l をとると, $s = l^2 + 3l + 3$ であり, $(l+1)^2 \leqq s < (l+2)^2$ である. したがって,

$$t = s - \lfloor\sqrt{s}\rfloor = (l^2 + 3l + 3) - (l+1) = l^2 + 2l + 2 = \frac{k^2 + 4k + 8}{4}$$

となり, t は k 番目の美しい数である. k が奇数のとき, $k = 2l - 1$ となる正の整数 l をとると, $s = l^2 + 2l + 2$ であり, $(l+1)^2 \leqq s < (l+2)^2$ である. したがって,

$$t = s - \lfloor\sqrt{s}\rfloor = (l^2 + 2l + 2) - (l+1) = l^2 + l + 1 = \frac{k^2 + 4k + 7}{4}$$

となり, t は k 番目の美しい数である.

　t が k 番目の美しい数であるとき, s が $k+1$ 番目の美しい数であることを示す. 4 以上の整数 a, b について, $a < b$ ならば, $a - \sqrt{a} = \sqrt{a}(\sqrt{a}-1) \leqq \sqrt{b}(\sqrt{b}-1) = b - \sqrt{b}$ となる. ここで, $a - \lfloor\sqrt{a}\rfloor$ は $a - \sqrt{a}$ 以上の最小の整数であり, $b - \lfloor\sqrt{b}\rfloor$ は $b - \sqrt{b}$ 以上の最小の整数であるので, $a - \lfloor\sqrt{a}\rfloor \leqq b - \lfloor\sqrt{b}\rfloor$ が成立する. k が偶数のとき, $k = 2l$ となる正の整数 l をとると, $t = l^2 + 2l + 2$ である. $s \leqq l^2 + 3l + 2$ とすると, $(l+1)^2 \leqq l^2 + 3l + 2 < (l+2)^2$ であるので,

$$
\begin{aligned}
t &= s - \lfloor\sqrt{s}\rfloor \\
&\leqq (l^2 + 3l + 2) - \lfloor\sqrt{l^2 + 3l + 2}\rfloor \\
&= l^2 + 3l + 2 - (l+1) = l^2 + 2l + 1 < t
\end{aligned}
$$

となり矛盾する. $s \geqq l^2 + 3l + 4$ とすると, $(l+1)^2 \leqq l^2 + 3l + 4 < (l+2)^2$ であるので,

$$
\begin{aligned}
t &= s - \lfloor\sqrt{s}\rfloor \\
&\geqq (l^2 + 3l + 4) - \lfloor\sqrt{l^2 + 3l + 4}\rfloor \\
&= l^2 + 3l + 4 - (l+1) = l^2 + 2l + 3 > t
\end{aligned}
$$

となり矛盾する．よって $s = l^2 + 3l + 3 = \dfrac{(k+1)^2 + 4(k+1) + 7}{4}$ であり，こ
れは $k+1$ 番目の美しい数である．k が奇数のとき，$k = 2l - 1$ となる正の整数
l をとると，$t = l^2 + l + 1$ である．$s \leqq l^2 + 2l + 1$ とすると，

$$t = s - \lfloor \sqrt{s} \rfloor$$
$$\leqq (l^2 + 2l + 1) - \lfloor \sqrt{l^2 + 2l + 1} \rfloor$$
$$= l^2 + 2l + 1 - (l + 1) = l^2 + l < t$$

となり矛盾する．$s \geqq l^2 + 2l + 3$ とすると，$(l+1)^2 \leqq l^2 + 2l + 3 < (l+2)^2$ で
あるので，

$$t = s - \lfloor \sqrt{s} \rfloor$$
$$\geqq (l^2 + 2l + 3) - \lfloor \sqrt{l^2 + 2l + 3} \rfloor$$
$$= l^2 + 2l + 3 - (l + 1) = l^2 + l + 2 > t$$

となり矛盾する．よって $s = l^2 + 2l + 2 = \dfrac{(k+1)^2 + 4(k+1) + 8}{4}$ であり，こ
れは $k+1$ 番目の美しい数である．

　以上より補題は示された．■

　いま，正の整数 m が美しい数であるとは，ある正の整数 k が存在し，m が k
番目の美しい数であることをいう．補題より，黒板に書かれた整数の個数が 4 以
上の美しい数であるとき，黒板に書かれた数が 3 つ以下になるまで操作を繰り返
しても黒板に書かれた数の個数は常に美しい数である．さらに，黒板に書かれた
整数の個数が美しい数でない 4 以上の整数のとき，黒板に書かれた数が 3 つ以下
になるまで操作を繰り返しても黒板に書かれた数の個数は常に美しい数でない．
よって，3 が唯一の 3 以下の美しい数であることに注意して，求める整数の個数
は 10^{98} 以上 10^{100} 未満の美しい数の個数と等しいことがわかる．

　ここで，任意の正の整数 k に対して，$k+1$ 番目の美しい数は k 番目の美しい
数より大きいから，$10^{98} \leqq \dfrac{k^2 + 4k + 8}{4} < 10^{100}$ なる正の整数 k の個数を求めれ
ばよい．これをみたす k の条件は $2(10^{49} - 2) \leqq k \leqq 2(10^{50} - 2) - 1$ であるため，
求める個数は $2(10^{50} - 2) - 1 - 2(10^{49} - 2) + 1 = \mathbf{18 \cdot 10^{49}}$ 個である．

8. $\boxed{3 \cdot 2^{1013} - 6 \text{ 個}}$

上から i 行目，左から j 列目のマスを (i, j) と表し，そのマスに書き込まれた文字を $f(i, j)$ とする．また，$(i-1, j-1)$, $(i-1, j)$, $(i, j-1)$, (i, j) の 4 マスからなる 2×2 のマス目を $B(i, j)$ と表す．

補題　任意の 1 以上 2024 以下の偶数 a と奇数 b に対して，$f(a, b) = f(a, 1)$ および $f(b, a) = f(1, a)$ が成り立つ．

$\boxed{\text{証明}}$　任意の 2 以上 2024 以下の偶数 a と奇数 b に対して，$f(a, b-2) = f(a, b)$ が成り立つことを示す．$B(a, b-1)$ と $B(a, b)$ に注目する．これらはマス $(a-1, b-1)$, $(a, b-1)$ を共有しているから，$f(a-1, b-2)$, $f(a, b-2)$ は $f(a-1, b)$, $f(a, b)$ の並べ替えである．さらに $f(a-1, b-2) = f(a-1, b) = \mathrm{J}$ であるから，$f(a, b-2) = f(a, b)$ を得る．よって，任意の 1 以上 2024 以下の偶数 a と奇数 b に対して，$f(a, b) = f(a, 1)$ が成り立つことがわかる．

同様にして，$f(b, a) = f(1, a)$ についても示される．∎

a, b を 2 以上 2024 以下の偶数とする．$f(a-1, b-1) = \mathrm{J}$ であることから，$B(a, b)$ において問題の条件を考慮すると $f(a, b)$, $f(a, b-1)$, $f(a-1, b)$ は相異なる．このとき，補題より $f(a, 1) = f(a, b-1) \neq f(a-1, b) = f(1, b)$ が成り立つ．

逆に，任意の 2 以上 2024 以下の偶数 a, b に対して $f(a, 1) \neq f(1, b)$ が成り立つように $f(2, 1), f(4, 1), \ldots, f(2024, 1), f(1, 2), f(1, 4), \ldots, f(1, 2024)$ を任意に定めるとき，条件をみたすように残りのマスに文字を書き込む方法がちょうど 1 つ存在することを示す．

任意の 2 以上 2024 以下の偶数 a, b について，マス (a, b) と角のみを共有するマスには J が書き込まれており，補題よりマス (a, b) と左右に隣接するマスには $f(a, 1)$ が，マス (a, b) と上下に隣接するマスには $f(1, b)$ が書き込まれている．$f(a, 1) \neq f(1, b)$ であるから，マス (a, b) を含む 2×2 のマス目すべてが問題の条件をみたすような $f(a, b)$ はちょうど 1 つ存在する．どの 2×2 のマス目にも行番号も列番号も偶数であるマスがちょうど 1 つ属しているから，このようにして $f(a, b)$ を定めれば問題の条件をみたす．

以上より求める場合の数は，J, M, O からなる長さ 2024 の文字列

$$x_1 x_2 \cdots x_{1012} y_1 y_2 \cdots y_{1012}$$

であって，任意の 1 以上 1012 以下の整数 a, b に対して $x_a \neq y_b$ をみたすようなものの個数である．$(x_1, x_2, \ldots, x_{1012})$, $(y_1, y_2, \ldots, y_{1012})$ それぞれに現れる文字の種類数で場合分けを行う．ともに 1 種類のときは 6 通りである．前者が 1 種類，後者が 2 種類のときは，前者に現れる文字を 1 つ固定すると，$y_1, y_2, \ldots, y_{1012}$ としてありうるものは $2^{1012} - 2$ 通りである．前者に現れる文字は 3 通りであるから，この場合は $3(2^{1012} - 2)$ 通りである．前者が 2 種類，後者が 1 種類のときは，同様に $3(2^{1012} - 6)$ 通りである．以上で尽くされているから，答は $6 + 3(2^{1012} - 2) \cdot 2 = \boldsymbol{3 \cdot 2^{1013} - 6}$ 通りである．

9. $\boxed{2026 \text{ 通り}}$

操作 (1), (3) のことを**負の移動**，(2), (4) のことを**正の移動**，マス $1, 3, \ldots, 2023$ のことを**奇数マス**，マス $2, 4, \ldots, 2024$ のことを**偶数マス**とよぶこととする．また，1 以上 2024 以下の整数 l に対し，l 回の操作ののちに訪れるマスを a_l とする．ただし，整数 l に対し，a_{l+2024} と a_l は同じものを表す．さらに，整数 k に対し，マス $k + 2024$ とマス k は同じものを表す．

1 以上 2023 以下の整数 l に対し，l 回目の操作で正の移動を，$l+1$ 回目の操作で負の移動を行ったとき，マス a_l を**負の折り返し地点**とよぶこととする．ただし，2024 回目の操作で正の移動を，1 回目の操作で負の移動を行ったとき，マス 1 を**負の折り返し地点**とよぶこととする．また，1 以上 2023 以下の整数 k に対し，l 回目の操作で負の移動を，$l+1$ 回目の操作で正の移動を行ったとき，マス a_l を**正の折り返し地点**とよぶこととする．ただし，2024 回目の操作で負の移動を，1 回目の操作で正の移動を行ったとき，マス 1 を**正の折り返し地点**とよぶこととする．さらに，負の折り返し地点と正の折り返し地点を合わせて**折り返し地点**とよぶこととする．

折り返し地点がないようなものは，負の移動しか行っていないものと，正の移動しか行っていないものに場合分けできる．負の移動しか行っていないとき，そのうち操作 (1) を行った回数を n とおくと，2024 回の操作が終了したときに駒

はマス 1 にいることより，$n + 2(2024 - n) = 4048 - n$ は 2024 で割りきれる．よって，$n = 0, 2024$ となる．$n = 0$ の場合は偶数マスに移動できず条件に反するので，$n = 2024$ となり，このような操作の方法は条件をみたす．正の移動しか行ってないものに関しても同様に考えると，折り返し地点がないようなものは合わせて 2 通りである．

　以下，折り返し地点があるものについて考える．まず，負の折り返し地点であるような奇数マスが存在する場合について考える．このマスは，整数 x を用いてマス $2x + 1$ と，また整数 m を用いて a_m と表せる．このマスは負の折り返し地点なので，a_m に置かれた駒は負の移動によって a_{m+1} に移動するが，a_m が奇数マスであることからこの操作は操作 (1) であるため，a_{m+1} はマス $2x$ である．また，a_{m-1} に置かれた駒は正の移動によって a_m に移動するが，a_{m-1} と a_{m+1} は異なるマスなので，a_{m-1} はマス $2x - 1$ である．a_{m+1} は偶数マスであることから，a_{m+2} はマス $2x - 2$，マス $2x - 1$，マス $2x + 1$ のいずれかであるが，a_{m+2} と a_{m-1}, a_m は異なるマスなので，a_{m+2} はマス $2x - 2$ である．さらに，a_{m-2} はマス $2x - 3$，マス $2x - 2$，マス $2x$，マス $2x + 1$ のいずれかであるが，a_{m-2} と a_{m+2}, a_{m+1}, a_m は異なるマスなので，a_{m-2} はマス $2x - 3$ である．これを繰り返すことで，1 以上 1011 以下の任意の整数 i について，a_{m+i} がマス $2x - 2i + 2$ であることと，1 以上 1011 以下の任意の整数 i について，a_{m-i} がマス $2x - 2i + 1$ であることがわかる．最後に $a_{m-1012} = a_{m+1012}$ がマス $2x - 2022$ であることがわかり，このような操作の方法は条件をみたしている．さらに折り返しマスは $2x + 1$ と $2x + 2$ の 2 つのみであり，負の折り返し地点であるような奇数マスと正の折り返し地点であるような偶数マスが 1 つずつある．よって，このような操作の方法は，負の折り返し地点となるような奇数マスの選び方と同じだけあり，$\dfrac{2024}{2} = 1012$ 通りである．正の折り返し地点であるような偶数マスが存在する場合は，同様に考えることで負の折り返し地点であるような奇数マスが存在する．

　同様に，負の折り返し地点であるような偶数マスが存在する場合も 1012 通りあり，正の折り返し地点であるような奇数マスが存在する場合は負の折り返し地点であるような偶数マスが存在する．

　以上より，答は $2 + 2 \cdot 1012 = \mathbf{2026}$ 通りである．

10. $\boxed{3 + 3\sqrt{15}}$

F は直線 AB に関して E と同じ側，直線 AC に関して D と同じ側にあるため，三角形 ABC の外接円の A を含まない方の弧BC上にある．直線 AF と直線 BC の交点を O，三角形 DEF の外接円と線分 AB の接点を G とおく．方べきの定理より $BG = \sqrt{BD \cdot BE} = 3$ である．

$\dfrac{FO}{AO} = \alpha$ とおく．ここで，図形に対して次の操作を行うことを考える．

> 図形を O を中心に $180°$ 回転移動した後，O を中心に α 倍に拡大または縮小する．

X′ で点 X に操作を行って移る点を表す．このとき，次の性質が成り立つことに注意する．

- O と異なる点 X に対し，X, O, X′ はこの順に同一直線上に並び，$XO : OX' = 1 : \alpha$ である．
- O を通る直線に操作を行うと，その直線自身に移る．
- O を通らない直線に操作を行うと，その直線と平行な直線に移る．
- 2 点 X, Y を端点とする線分に操作を行うと，X′, Y′ を端点とする長さが α 倍の線分に移る．特に，任意の異なる 2 点 X, Y に対して $X'Y' = \alpha XY$ であり，X′ と Y′ は一致しない．
- 円に操作を行うと，円に移る．

A, O, F はこの順に同一直線上に並んでいて，$AO : OF = 1 : \alpha$ であるため，A′ と F は一致する．直線 AB に操作を行うと，A′ を通り直線 AB と平行な直線，すなわち直線 EF に移る．よって，B は直線 AB と直線 BC の交点であるから B′ は直線 EF と直線 BC の交点 E と一致する．同様に，C′ と D は一致する．ここで，$DE = C'B' = \alpha CB$ より，$\alpha = \dfrac{DE}{CB} = \dfrac{1}{2}$ がわかる．したがって，$OB : OE = OB : OB' = 1 : \alpha = 2 : 1$ と $BE = 9$ より $OB = 6$ であり，$OC : OD = OC : OC' = 1 : \alpha = 2 : 1$ と $DC = 15$ より $OC = 10$ である．

三角形 ABC の外接円に操作を行うと，3 点 A′, B′, C′ を通る円，すなわち三角形 DEF の外接円に移る．よって，A, F は三角形 ABC の外接円と直線 AF の異なる 2 交点であるから A′, F′ は三角形 DEF の外接円と直線 AF の異なる 2 交点である．A′ と F は一致するため，F′ は三角形 DEF の外接円と直線 AF の交

点のうち F でない方である.

さて, A, O, F および F, O, F′ がこの順に並び, AO : OF = FO : OF′ = $1 : \alpha = 2 : 1$ であることから, A, F′, O, F はこの順に並び, AF′ : F′O : OF = 3 : 1 : 2 であることがわかる. F′O = x とおくと, 方べきの定理より $8x^2 = $ OA $\cdot$ OF = OB $\cdot$ OC = 60 であるため, $x = \sqrt{\dfrac{15}{2}}$ を得る. また, AG = $\sqrt{\mathrm{AF'} \cdot \mathrm{AF}} = 3\sqrt{2}x = 3\sqrt{15}$ である. A, G, B はこの順に並ぶため, 以上より AB = AG + GB = $\mathbf{3 + 3\sqrt{15}}$ である.

11. $\boxed{\dfrac{3^{100} - 197}{4} \text{ 個}}$

$M = 100$ とする. また, 整数 x に対し, 整数 $\mathrm{sgn}(x)$ を

$$\mathrm{sgn}(x) = \begin{cases} 1 & (x > 0 \text{ のとき}) \\ 0 & (x = 0 \text{ のとき}) \\ -1 & (x < 0 \text{ のとき}) \end{cases}$$

で定める. $-1, 0, 1$ のみからなる組 $(t_1, t_2, \ldots, t_M)$ が**良い組**であるとは, $1, 2, \ldots,$ M の並び替え $a_1, a_2, \ldots, a_M$ であって, 任意の 1 以上 M 以下の整数 n について $t_n = \mathrm{sgn}(a_n - n)$ が成り立つものが存在することをいう. さらに, $-1, 0, 1$ のみからなる組 $(t_1, t_2, \ldots, t_M)$ が**美しい組**であるとは, 次の 2 つのいずれかをみたしていることをいう.

(1) $(t_1, t_2, \ldots, t_M) = (0, 0, \ldots, 0)$ である.

(2) $t_n \neq 0$ をみたす n が存在し, このような n のうち最小のものを α, 最大のものを β とすると, $t_\alpha = 1$ および $t_\beta = -1$ が成り立つ.

補題 1 任意の良い組は美しい組である.

$\boxed{\text{補題 1 の証明}}$ $(t_1, t_2, \ldots, t_M)$ を良い組とする. $1, 2, \ldots, M$ の並び替え $a_1, a_2,$ $\ldots, a_M$ であって, 任意の 1 以上 M 以下の整数 n について $t_n = \mathrm{sgn}(a_n - n)$ が成り立つものをとる. $(t_1, t_2, \ldots, t_M) = (0, 0, \ldots, 0)$ のとき, これは美しい組である. $t_n \neq 0$ をみたす n が存在するとき, そのような n のうち最小のものを α, 最大のものを β とする. このとき, $i = 1, 2, \ldots, \alpha - 1$ に対して $t_i = 0$ より $a_i = i$

が成り立つので，$a_\alpha \geqq \alpha$ である．しかし $t_\alpha \neq 0$ より $a_\alpha \neq \alpha$ なので，$a_\alpha > \alpha$，すなわち $t_\alpha = 1$ である．同様に $t_\beta = -1$ も成り立つので，主張は示された．■

補題2　任意の美しい組は良い組である．

補題2の証明　任意の美しい組 $(t_1, t_2, \ldots, t_M)$ に対して，任意の 1 以上 M 以下の整数 n について $t_n = \mathrm{sgn}(a_n - n)$ が成り立つような $1, 2, \ldots, M$ の並び替え $a_1, a_2, \ldots, a_M$ が存在することを示す．$(t_1, t_2, \ldots, t_M) = (0, 0, \ldots, 0)$ のときは，$(a_1, a_2, \ldots, a_M) = (1, 2, \ldots, M)$ とすることで，任意の 1 以上 M 以下の整数 n について $t_n = \mathrm{sgn}(a_n - n)$ が成り立つのでよい．$(t_1, t_2, \ldots, t_M) \neq (0, 0, \ldots, 0)$ のとき，これが美しい組であることとあわせて $t_i = 1$ なる i と $t_j = -1$ なる j がそれぞれ存在する．$t_i = 1$ なる i を小さい順に $\alpha_1, \alpha_2, \ldots, \alpha_u$ とおき，$t_j = -1$ なる j を小さい順に $\beta_1, \beta_2, \ldots, \beta_v$ とおく．さらに $\alpha_1, \alpha_2, \ldots, \alpha_u, \beta_1, \beta_2, \ldots, \beta_v$ を小さい順に並べたものを $\gamma_1, \gamma_2, \ldots, \gamma_{u+v}$ とする．

　ここで，$1, 2, \ldots, M$ の並び替え $a_1, a_2, \ldots, a_M$ を，次のように定める．

- 任意の 1 以上 u 以下の整数 k に対して，$a_{\alpha_k} = \gamma_{v+k}$ とする．
- 任意の 1 以上 v 以下の整数 k に対して，$a_{\beta_k} = \gamma_k$ とする．
- それ以外の場合，$a_n = n$ とする．

　$\alpha_1, \alpha_2, \ldots, \alpha_u, \beta_1, \beta_2, \ldots, \beta_v$ の中で最大のものは β_v であるから，1 以上 u 以下の整数 k について，$\alpha_{k+1}, \alpha_{k+2}, \ldots, \alpha_u, \beta_v$ の合わせて $u - k + 1$ 個はどれも α_k よりも大きい．よって，$\alpha_k \leqq \gamma_{v+u-(u-k+1)} = \gamma_{v+k-1} < \gamma_{v+k}$ が成り立つので，$t_n = 1$ なる任意の n について $a_n - n > 0$，すなわち $s_n = \mathrm{sgn}(a_n - n)$ が示された．同様に，$t_n = -1$ なる任意の n についても $t_n = \mathrm{sgn}(a_n - n)$ がわかり，$t_n = 0$ なる n については $a_n = n$ より $t_n = \mathrm{sgn}(a_n - n)$ であるから示された．■

　さて，$s_n = \mathrm{sgn}(a_n - n)$ より，求めるものは良い組の個数と等しく，補題 1，2 より，これは美しい組 $(t_1, t_2, \ldots, t_M)$ の個数と等しい．$-1, 0, 1$ からなる組 $(t_1, t_2, \ldots, t_M)$ のうち，-1 と 1 が含まれないものは 1 個あり，これは美しい組である．また，-1 と 1 が合わせて 1 つ含まれるものは $2M$ 個あり，これらはいずれも美しい組ではない．-1 と 1 が合わせて 2 つ以上含まれるものは $3^M - 2M - 1$ 個存在する．ここで，1 と -1 が合わせて 2 つ以上含まれる $(t_1, t_2, \ldots, t_M)$ について，$t_n \neq 0$ なる n のうち最小のものを α，最大のものを β とすると，$(t_\alpha, t_\beta) = (1, 1)$

をみたすものの個数, $(t_\alpha, t_\beta) = (1, -1)$ をみたすものの個数, $(t_\alpha, t_\beta) = (-1, 1)$ をみたすものの個数, $(t_\alpha, t_\beta) = (-1, -1)$ をみたすものの個数は対称性よりすべて等しいから, 1 と -1 が合わせて 2 つ以上含まれる美しい組は $\dfrac{3^M - 2M - 1}{4}$ 個存在する.

以上より, 美しい組の個数は $\dfrac{3^M - 2M - 1}{4} + 1 = \dfrac{3^{100} - 197}{4}$ である.

12. $\boxed{805}$

整数 x, y と正の整数 m に対して, $x - y$ が m で割りきれることを $x \equiv y \pmod{m}$ で表す. 正の整数 m, n について, n が m で割りきれることを $m \mid n$ で表す. また, 正の整数 n および素数 p に対し, n が p^i で割りきれるような最大の非負整数 i を $v_p(n)$ で表し, n の p で割りきれる回数とよぶ. さらに, 正の整数 n に対し, その 10 進法表記での桁数を $\Delta(n)$ で表す.

任意の 1 以上 N 以下の整数 i について, x_i が $2, 3, 5$ 以外の素数を素因数にもたないことから, $x_i \neq x_{i+1}$ であることは $v_2(x_i) \neq v_2(x_{i+1})$ または $v_3(x_i) \neq v_3(x_{i+1})$ または $v_5(x_i) \neq v_5(x_{i+1})$ が成り立つことと同値である. また, $x_i \mid a_i$ であることは, $v_2(x_i) \leqq v_2(a_i)$ かつ $v_3(x_i) \leqq v_3(a_i)$ かつ $v_5(x_i) \leqq v_5(a_i)$ が成り立つことと同値である.

a_{i+1} が a_i の末尾に x_i を付け加えて得られるという条件は, $a_{i+1} = a_i \cdot 10^{\Delta(x_i)} + x_i$ と表現できる. これより, 任意の 1 以上 $N - 1$ 以下の整数 i について

$$v_2(x_{i+1}) \leqq v_2(a_{i+1}) = v_2(x_i) + v_2\left(\frac{a_i}{x_i} \cdot 10^{\Delta(x_i)} + 1 \right)$$

が成り立つが, $\dfrac{a_i}{x_i} \cdot 10^{\Delta(x_i)}$ が 2 で割りきれることから

$$v_2\left(\frac{a_i}{x_i} \cdot 10^{\Delta(x_i)} + 1 \right) = 0$$

となるため, $v_2(x_i) \geqq v_2(x_{i+1})$ を得る. 同様に $v_5(x_i) \geqq v_5(x_{i+1})$ が成り立つ.

ここで, 1 以上 N 以下の整数 i に対して $H(i) = v_2(x_i) + v_5(x_i)$ とおくと, $0 \leqq H(i) \leqq v_2(9 \cdot 10^{100}) + v_5(9 \cdot 10^{100}) = 200$ である. また,

$$H(i) = v_2(x_i) + v_5(x_i) \geqq v_2(x_{i+1}) + v_5(x_{i+1}) = H(i+1)$$

となり，等号が成り立つのは $v_2(x_i) = v_2(x_{i+1})$ かつ $v_5(x_i) = v_5(x_{i+1})$ のときである．任意の $1 \leqq i < j \leqq N$ をみたす整数 i, j について $H(i) \geqq H(j)$ である．

いま，0 以上 200 以下の整数 h について，$H(i) = h$ をみたす 1 以上 N 以下の整数 i が存在するとき**強い**といい，そうでないとき**弱い**という．強い h について，$H(i) = h$ となる 1 以上 N 以下の整数 i のうち最小のものを $m(h)$，最大のものを $M(h)$ で表すと，任意の $m(h)$ 以上 $M(h)$ 以下の整数 i について $H(i) = h$ である．このとき，任意の $m(h)$ 以上 $M(h) - 1$ 以下の整数 i について $v_2(x_i) = v_2(x_{i+1})$ かつ $v_5(x_i) = v_5(x_{i+1})$ が必要であり，さらに $v_3(x_i) \neq v_3(x_{i+1})$ を得る．

補題 1　$H(i-1) = H(i) = H(i+1)$ かつ $v_3(x_{i-1}) > v_3(x_i) < v_3(x_{i+1})$ をみたす 2 以上 $N-1$ 以下の整数 i は存在しない．

$\boxed{\text{補題 1 の証明}}$　$H(i-1) = H(i) = H(i+1)$ かつ $v_3(x_{i-1}) > v_3(x_i) < v_3(x_{i+1})$ なる 2 以上 $N-1$ 以下の整数 i が存在したとする．$v_2(x_{i-1}) = v_2(x_i) = v_2(x_{i+1})$ かつ $v_5(x_{i-1}) = v_5(x_i) = v_5(x_{i+1})$ が成り立つ．よって $3x_i \mid x_{i-1}$ かつ $3x_i \mid x_{i+1}$ であり，$3x_i \mid a_{i-1}$ かつ $3x_i \mid a_{i+1}$ が従う．これより，

$$\begin{aligned}
0 &\equiv a_{i+1} \\
&\equiv a_i \cdot 10^{\Delta(x_i)} + x_i \\
&\equiv a_{i-1} \cdot 10^{\Delta(x_i) + \Delta(x_{i-1})} + x_{i-1} \cdot 10^{\Delta(x_i)} + x_i \\
&\equiv x_i \pmod{3x_i}
\end{aligned}$$

となるから，矛盾する．■

補題 2　強い h に対して，$m(h)$ 以上 $M(h)$ 以下の整数 j であって，次の条件をみたすものが存在する．

- 任意の $m(h) \leqq k < j$ をみたす整数 k に対して，$v_3(x_k) < v_3(x_{k+1})$ が成り立つ．
- 任意の $j \leqq k < M(h)$ をみたす整数 k に対して，$v_3(x_k) > v_3(x_{k+1})$ が成り立つ．

$\boxed{\text{補題 2 の証明}}$　$x_{m(h)}, x_{m(h)+1}, \ldots, x_{M(h)}$ のうち，3 で割りきれる回数が最大となるようなものを 1 つとり，x_j とする．$j > m(h)$ のとき，$v_3(x_{m(h)}) < v_3(x_{m(h)+1})$

$< \cdots < v_3(x_j)$ が成り立つことを示す．このとき，$v_3(x_{j-1}) \neq v_3(x_j)$ であるから，j の定義により $v_3(x_{j-1}) < v_3(x_j)$ である．ここで補題 1 より，$m(h)+1$ 以上 $j-1$ 以下の整数 t に対し，$v_3(x_t) < v_3(x_{t+1})$ ならば $v_3(x_{t-1}) < v_3(x_t)$ である．よって帰納的に $v_3(x_{m(h)}) < v_3(x_{m(h)+1}) < \cdots < v_3(x_j)$ が成り立つことがわかる．

同様にして，$j < M(h)$ のとき $v_3(x_j) > v_3(x_{j+1}) > \cdots > v_3(x_{M(h)})$ も従うから，この j が条件をみたし，よって補題の主張が示された．■

強い h に対して，補題 2 をみたすような j を $T(h)$ とおき，$N_1(h) = T(h) - m(h)$，$N_2(h) = M(h) - T(h)$ とおく．また，弱い h に対しては，$N_1(h) = N_2(h) = 0$ とする．このとき，任意の 0 以上 200 以下の強い h について，$H(i) = h$ となるような i の個数は $M(h) - m(h) + 1 = N_1(h) + N_2(h) + 1$ であるから，

$$N = \sum_{h=0}^{200} \big(N_1(h) + N_2(h)\big) + (強い\ h\ の個数) \leqq \sum_{h=0}^{200} \big(N_1(h) + N_2(h)\big) + 201$$

である．

補題 3　0 以上 200 以下の任意の整数 h について，$N_1(h) \leqq 2$ および $N_2(h) \leqq 2$ が成り立つ．

[補題 3 の証明]　h が弱いときは明らかだから，h は強いとする．このとき，

$$0 \leqq v_3(x_{m(h)}) < v_3(x_{m(h)+1}) < \cdots < v_3(x_{T(h)}) \leqq v_3(9 \cdot 10^{100}) = 2$$

より，$N_1(h) = T(h) - m(h) \leqq 2$ が従う．$N_2(h) \leqq 2$ も同様にして得られる．■

補題 4　0 以上 199 以下の任意の整数 h について，$N_1(h) + N_2(h+1) \leqq 3$ が成り立つ．

[補題 4 の証明]　補題 3 より，$N_1(h) = 2$ かつ $N_2(h+1) = 2$ をみたす h が存在するとして矛盾を導けばよい．このとき h と $h+1$ はともに強く，補題 3 の証明より

$$v_3(x_{M(h+1)-2}) = v_3(x_{T(h+1)}) = 2, \qquad v_3(x_{M(h+1)-1}) = 1,$$

$$v_3(x_{M(h+1)}) = 0, \qquad\qquad v_3(x_{m(h)}) = 0, \qquad\qquad (*)$$

$$v_3(x_{m(h)+1}) = 1, \qquad\qquad v_3(x_{m(h)+2}) = v_3(x_{T(h)}) = 2$$

となる.

ここで, $1 \leqq i < j \leqq N$ なる整数 i, j について $H(i) \geqq H(j)$ であることから $m(h) = M(h+1) + 1$ が従うことに注意すれば, 以下のいずれかが成立する.

- $v_2(x_{M(h+1)}) = v_2(x_{m(h)}) + 1$ かつ $v_5(x_{M(h+1)}) = v_5(x_{m(h)})$.
- $v_2(x_{M(h+1)}) = v_2(x_{m(h)})$ かつ $v_5(x_{M(h+1)}) = v_5(x_{m(h)}) + 1$.

以下, $A = 2^{v_2(x_{m(h)})} \cdot 5^{v_5(x_{m(h)})}$, $S = T(h+1)$ とおく. 前者の場合, $(*)$ により

$$x_S = 18A, \qquad x_{S+1} = 6A, \qquad x_{S+2} = 2A,$$
$$x_{S+3} = A, \qquad x_{S+4} = 3A, \qquad x_{S+5} = 9A$$

となる. ここで, 1 以上 $N-1$ 以下の任意の整数 i について

$$a_{i+1} \equiv a_i \cdot 10^{\Delta(x_i)} + x_i \equiv a_i + x_i \pmod 9 \qquad (\diamond)$$

であることに注意すれば,

$$a_{S+5} \equiv a_S + x_S + x_{S+1} + x_{S+2} + x_{S+3} + x_{S+4} \equiv a_S + 30A \not\equiv a_S \pmod 9$$

が従う. いま, $9 \mid x_S$ より $9 \mid a_S$ であるが, 一方で $9 \mid x_{S+5}$ より $9 \mid a_{S+5}$ であるから矛盾する.

後者の場合も, 同様にして

$$x_S = 45A, \qquad x_{S+1} = 15A, \qquad x_{S+2} = 5A,$$
$$x_{S+3} = A, \qquad x_{S+4} = 3A, \qquad x_{S+5} = 9A$$

となり,

$$a_{S+5} \equiv a_S + x_S + x_{S+1} + x_{S+2} + x_{S+3} + x_{S+4} \equiv a_S + 69A \not\equiv a_S \pmod 9$$

が従うが, これは $9 \mid a_S$ かつ $9 \mid a_{S+5}$ に矛盾する. ∎

補題 3 および補題 4 より,

$$N \leqq \sum_{h=0}^{200} \big(N_1(h) + N_2(h)\big) + 201$$

$$\leqq N_1(200) + N_2(0) + \sum_{h=0}^{199} (N_1(h) + N_2(h+1)) + 201$$

$$\leqq 2 + 2 + 3 \cdot 200 + 201$$

$$= 805$$

を得る.

逆に, $N = 805$ として, 条件をみたす $2N$ 個の正の整数 $a_1, a_2, \ldots, a_N, x_1, x_2, \ldots,$ x_N が存在することを示す. まず, $x_1, x_2, \ldots, x_N$ を以下で定める.

- 0 以上 100 以下の整数 n に対して,

$$x_{8n+1} = x_{8n+5} = 10^{100-n},$$

$$x_{8n+2} = x_{8n+4} = 3 \cdot 10^{100-n},$$

$$x_{8n+3} = 9 \cdot 10^{100-n}$$

とする.

- 0 以上 99 以下の整数 n に対して,

$$x_{8n+6} = x_{8n+8} = 5 \cdot 10^{99-n},$$

$$x_{8n+7} = 45 \cdot 10^{99-n}$$

とする.

これらはいずれも $9 \cdot 10^{100}$ の約数であり, 任意の 1 以上 $N - 1$ 以下の整数 i に対して $x_i \neq x_{i+1}$ である. また, 1 以上 $N - 1$ 以下の任意の i について, $v_2(x_i) \geqq v_2(x_{i+1})$ および $v_5(x_i) \geqq v_5(x_{i+1})$ が成り立つことに注意する. さらに, $a_1 = 5 \cdot 10^{100}$ とし, 1 以上 $N - 1$ 以下の整数 i に対して a_i の末尾に x_i を付け加えて得られる数を a_{i+1} とする. このとき, $(\diamond)$ を用いることで, 1 以上 N 以下の整数 i に対して以下が成り立つことが帰納的にわかる.

- $i \equiv 1 \pmod 8$ のとき, $a_i \equiv 5 \pmod 9$, すなわち $v_3(a_i) = 0$.
- $i \equiv 2 \pmod 8$ のとき, $a_i \equiv 6 \pmod 9$, すなわち $v_3(a_i) = 1$.
- $i \equiv 3 \pmod 8$ のとき, $a_i \equiv 0 \pmod 9$, すなわち $v_3(a_i) \geqq 2$.
- $i \equiv 4 \pmod 8$ のとき, $a_i \equiv 0 \pmod 9$, すなわち $v_3(a_i) \geqq 2$.
- $i \equiv 5 \pmod 8$ のとき, $a_i \equiv 3 \pmod 9$, すなわち $v_3(a_i) = 1$.
- $i \equiv 6 \pmod 8$ のとき, $a_i \equiv 4 \pmod 9$, すなわち $v_3(a_i) = 0$.
- $i \equiv 7 \pmod 8$ のとき, $a_i \equiv 0 \pmod 9$, すなわち $v_3(a_i) \geqq 2$.

- $i \equiv 0 \pmod 8$ のとき，$a_i \equiv 0 \pmod 9$，すなわち $v_3(a_i) \geqq 2$.

これより，1 以上 N 以下の任意の整数 i について，$v_3(a_i) \geqq v_3(x_i)$ が成り立つ.

以下，1 以上 N 以下の任意の整数 i について $x_i \mid a_i$ が成り立つことを，i に関する数学的帰納法によって示す. $i = 1$ のときはよい. 1 以上 $N-1$ 以下の整数 j について，$x_j \mid a_j$ であったとする. このとき $a_{j+1} = a_j \cdot 10^{\Delta(x_j)} + x_j$ は x_j で割りきれるから，$v_2(a_{j+1}) \geqq v_2(x_j) \geqq v_2(x_{j+1})$ および $v_5(a_{j+1}) \geqq v_5(x_j) \geqq v_5(x_{j+1})$ が成り立つ. これと $v_3(a_{j+1}) \geqq v_3(x_{j+1})$ をあわせることで，$x_{j+1} \mid a_{j+1}$ が従う. 以上より，$N = 805$ のとき条件をみたす $a_1, a_2, \ldots, a_N, x_1, x_2, \ldots, x_N$ が存在することが示された.

よって，答は **805** である.

本選問題

1. 正の実数 a, b, c, d が $\dfrac{ab}{cd} = \dfrac{a+b}{c+d}$ をみたすとき,
$$(a+b)(c+d) \geqq (a+c)(b+d)$$
が成り立つことを示せ.

2. $AB < AC$ なる三角形 ABC の辺 BC の中点を M とし, 三角形 ABC の外接円の A を含む方の弧 BC の中点を N とする. $\angle BAC$ の二等分線と辺 BC の交点を D とし, 直線 DN に関して M と対称な点を M′ とすると, M′ は三角形 ABC の内部 (周上を除く) にあり, 直線 AM′ と直線 BC は直交した. このとき, $\angle BAC$ の大きさを求めよ.

　　ただし, XY で線分 XY の長さを表すものとする.

3. 正の整数 n, x, y, z と素数 p の組 (n, x, y, z, p) であって,
$$(x^2 + 4y^2)(y^2 + 4z^2)(z^2 + 4x^2) = p^n$$
をみたすものをすべて求めよ.

4. 2024 × 2024 のマス目があり, 各マスが赤, 青, 白のいずれか一色で塗られている. 赤で塗られたすべてのマスにそれぞれ赤い駒を 1 つずつ置き, 青で塗られたすべてのマスにそれぞれ青い駒を 1 つずつ置く. さらに, 白で塗られたマスであって, 青で塗られたマス 1 つ以上と辺または頂点を共有して隣りあうものすべてに青い駒を 1 つずつ置く. すると, どの 2 × 2 のマス目についても, 置かれた赤い駒と青い駒の個数が等しく, ともに 1 個か 2 個であった.

　　このとき, 白で塗られたマスの個数としてありうる最大の値を求めよ.

5. 鋭角三角形 ABC において, その外接円の A を含まない方の弧 BC 上の点 D が $AB : AC = DB : DC$ をみたしている. 直線 AC に関して B と対称な点を B′, 直線 AB に関して C と対称な点を C′, 直線 BC に関して D と対称な点を D′ とする. このとき, 三角形 BCD と三角形 B′C′D′ は相似であることを示せ. ただし, XY で線分 XY の長さを表すものとする.

解答

1. $\dfrac{ab}{cd} = \dfrac{a+b}{c+d}$ から $\dfrac{a+b}{ab} = \dfrac{c+d}{cd}$ が従うので，$\dfrac{1}{a} + \dfrac{1}{b} = \dfrac{1}{c} + \dfrac{1}{d}$ である．したがって，

$$\frac{b-c}{bc} = \frac{1}{c} - \frac{1}{b} = \frac{1}{a} - \frac{1}{d} = \frac{d-a}{ad}$$

が成り立つ．ここで，a, b, c, d が正であることから，$b - c$ と $d - a$ はともに 0 以上であるか，ともに 0 以下であることがわかる．これより $(b-c)(d-a) \geqq 0$ である．いま，

$$(a+b)(c+d) - (a+c)(b+d)$$

$$= (ac + bc + ad + bd) - (ab + bc + ad + cd)$$

$$= ac + bd - ab - cd$$

$$= (b-c)(d-a)$$

$$\geqq 0$$

であるから，以上で示された．

2. 三角形 ABC の外接円を ω とし，直線 AD と ω の交点のうち A でない方を K とする．K は ω の A を含まない方の弧 BC の中点であるから，直線 KN は線分 BC の垂直二等分線であり，特に M を通る．これより，M と M′ が直線 DN に関して対称であることから，$\angle \mathrm{DM'N} = \angle \mathrm{DMN} = 90°$ が成り立つ．また，線分 KN は ω の直径であるから，$\angle \mathrm{DAN} = \angle \mathrm{KAN} = 90°$ であるので，4 点 A, D, M′, N は線分 DN を直径とする円上にある．

いま，直線 AM′ も直線 BC に垂直であるから，直線 AM′ と直線 KN は平行であり，

$$\angle \mathrm{DKM} = \angle \mathrm{DAM'} = \angle \mathrm{DNM'} = \angle \mathrm{DNM}$$

が成り立つ．よって，$\angle \mathrm{DMK} = \angle \mathrm{DMN} = 90°$ とあわせて，三角形 DMK と三角形 DMN は合同な直角三角形であり，特に M は線分 KN の中点である．すなわち，M は ω の中心であるから，線分 BC も ω の直径となり，$\angle \mathrm{BAC} = 90°$ である．

3.　まず，ある非負整数 t を用いて $(n, x, y, z, p) = (6t + 3, 5^t, 5^t, 5^t, 5)(\clubsuit)$ と表されるすべての組は条件はみたす．以下，$\clubsuit$ の形で表せない解が存在すると仮定して矛盾を導く．$\clubsuit$ の形で表せない解の中で n が最小になるような (n, x, y, z, p) をとる．

　まず，x, y, z がすべて p の倍数である場合を考える．このとき，$x, y, z \geqq p$ となり，$(x^2 + 4y^2)(y^2 + 4z^2)(z^2 + 4x^2) > p^6$ である．よって，$n > 6$ となり，$\left(n - 6, \dfrac{x}{p}, \dfrac{y}{p}, \dfrac{z}{p}, p\right)$ も $\clubsuit$ の形で表せない解となる．これは n の最小性に矛盾する．

　次に，x, y, z のいずれかは p の倍数ではない場合を考える．与式より，非負整数 a, b, c が存在し，

$$\begin{cases} x^2 + 4y^2 = p^a \\ y^2 + 4z^2 = p^b \\ z^2 + 4x^2 = p^c \end{cases}$$

が成立し，x, y, z が正の整数であることから，a, b, c はすべて正である．また，上の 3 式より，

$$\begin{cases} 65x^2 = p^a - 4p^b + 16p^c \\ 65y^2 = p^b - 4p^c + 16p^a \\ 65z^2 = p^c - 4p^a + 16p^b \end{cases}$$

が成立する．特に，a, b, c の最小値を k とすると，k は正であり，$65x^2, 65y^2, 65z^2$ はすべて p^k の倍数となる．一方，x, y, z のいずれかは p の倍数ではないので，p が素数であることとあわせて，65 は p^k の倍数であることが従う．このとき，$k > 0$ なので，$k = 1$ かつ $p = 5, 13$ となる．対称性より $a = k = 1$ としてよい．以下，p の値で場合分けをする．

- $p = 5$ のとき
  $x^2 + 4y^2 = 5$ より $x = 1$, $y = 1$ となる．これと $65y^2 = p^b - 4p^c + 16p^a$ をあわせ，$5^b - 4 \cdot 5^c = -15$ である．右辺は 5 で 1 回しか割り切れないので，b, c のいずれかは 1 である．どちらの場合も $b = c = 1$ となり，

$(n, x, y, z, p) = (3, 1, 1, 1, 5)$ を得る. これは ♣ の形で表せない解でないこと
に矛盾する.

- $p = 13$ のとき

  $x^2 + 4y^2 = 13$ より $x = 3$, $y = 1$ となる. これと $65y^2 = p^b - 4p^c + 16p^a$ を
  あわせ, $13^b - 4 \cdot 13^c = -143$ である. 右辺は 13 で 1 回しか割り切れないの
  で, b, c のいずれかは 1 である. どちらの場合も $13^b - 4 \cdot 13^c = -143$ をみ
  たす非負整数の組 (b, c) は存在せず, よって, この場合には, 与式をみたす
  (n, x, y, z, p) の組は存在しない.

よって, 求める解は非負整数 t を用いて $(n, x, y, z, p) = (6t + 3, 5^t, 5^t, 5^t, 5)$ と
表されるすべての組である.

4. 上から i 行目, 左から j 列目のマスを (i, j) と表す.

2024 × 2024 のマス目に含まれる任意の 4 × 4 のマス目 P について考える.

まず, P に青で塗られたマスが存在しないと仮定すると, P の中央の 2 × 2 の
マス目のいずれにも青い駒が置かれていないことになり矛盾する. よって, P に
青で塗られたマスが存在することがわかる.

次に, P を 2 × 2 のマス目からなるブロック 4 個に分割し, 青で塗られたマス
を含むブロックのうち 1 つを B とおく. B に属する白で塗られたマスは, 青で
塗られたマスと辺または頂点を共有しているから, 青い駒が置かれている. ゆえ
に, B の 4 マスすべてに駒が置かれている. よって B には赤い駒が 2 個置かれ
ているから, 赤で塗られたマスが 2 個存在する. また, B 以外のブロックにつ
いても, 赤い駒が置かれていることから赤で塗られたマスが 1 個以上存在する.
ゆえに P 全体では赤で塗られたマスは 5 個以上存在する.

以上より, P に属する白で塗られたマスは, 高々 $4^2 - 1 - 5 = 10$ 個である.
2024 × 2024 のマス目は 506^2 個の 4 × 4 のマス目からなるので, 全体では白で塗
られたマスは高々 $10 \cdot 506^2$ 個である.

逆に, 問題の条件をみたす塗り方であって, 白で塗られたマスが $10 \cdot 506^2$ 個
であるようなものが存在することを示す. 図のように, 0 以上 505 以下の整数
k, l すべてに対し, $(4k + 2, 4l + 2)$ が青で, $(4k + 1, 4l + 2)$, $(4k + 2, 4l + 1)$,
$(4k + 2, 4l + 3)$, $(4k + 3, 4l + 2)$, $(4k + 4, 4l + 4)$ が赤で, その他の $10 \cdot 506^2$ マ

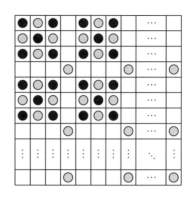

左図はマス目の塗り方. 黒塗りが青色, 灰色が赤色を表す.
右図は駒の置き方. 黒塗りが青色, 灰色が赤色を表す.

スが白で塗られたマス目を考える. このとき, 0 以上 505 以下の整数 k, l すべ
てに対し, $(4k + 1, 4l + 1)$, $(4k + 1, 4l + 3)$, $(4k + 2, 4l + 2)$, $(4k + 3, 4l + 1)$,
$(4k + 3, 4l + 3)$ に青い駒が, $(4k + 1, 4l + 2)$, $(4k + 2, 4l + 1)$, $(4k + 2, 4l + 3)$,
$(4k + 3, 4l + 2)$, $(4k + 4, 4l + 4)$ に赤い駒が置かれており, その他のマスには駒
が置かれていない.

　よって, 0 以上 505 以下の整数 k, l すべてに対し, $(4k+1, 4l+1)$, $(4k+2, 4l+1)$,
$(4k+1, 4l+2)$, $(4k+2, 4l+2)$ を左上のマスとする 2×2 のマス目には赤い駒
と青い駒が 2 個ずつ置かれており, 他の 2×2 のマス目には赤い駒と青い駒が 1
個ずつ置かれているから, この塗り方は問題の条件をみたすことがわかる.

　以上より, 答は $10 \cdot 506^2$ 個である.

5.　　三角形 D′BC と三角形 DBC は合同であるから, 三角形 D′BC と三角形
D′B′C′ が相似であることを示せば問題の主張が示される.

　　$\angle \mathrm{BAB'} = 2\angle \mathrm{BAC} = \angle \mathrm{CAC'}$ であり, 三角形 BAB′ と三角形 CAC′ はともに
$\angle \mathrm{A}$ を頂角とする二等辺三角形なので, この 2 つは相似である. よって,

$$\mathrm{BB'} : \mathrm{CC'} = \mathrm{AB} : \mathrm{AC} = \mathrm{DB} : \mathrm{DC} = \mathrm{D'B} : \mathrm{D'C}$$

である.

　また, 直線 AC と直線 BB′, 直線 AB と直線 CC′ がそれぞれ直交することか

ら，直線 BB′ と直線 CC′ の交点 H は三角形 ABC の垂心である．よって，∠BHC も ∠BD′C = ∠BDC も 180° − ∠CAB に等しいので，H と D′ が直線 BC に関して同じ側にあることに注意すると，4 点 B, H, D′, C は同一円周上にあることがわかる．

まず，H と D′ が一致する場合に示す．B, D′, B′ および C, D′, C′ がそれぞれこの順に同一直線上にあることに注意すると，BB′ : CC′ = D′B : D′C より，B′D′ : C′D′ = BB′ − BD′ : CC′ − CD′ = D′B : D′C であるから，三角形 D′BC と三角形 D′B′C′ が相似であることがわかる．

次に，H と D′ が一致しない場合に示す．B, H, D′, C がこの順に並んでいるとして一般性を失わない．∠HBD′ = ∠HCD′ であるから，BB′ : BD′ = CC′ : CD′ とあわせて，三角形 D′BB′ と三角形 D′CC′ が相似であることがわかる．よって，∠BD′C = ∠C′D′C − ∠C′D′B = ∠B′D′B − ∠C′D′B = ∠B′D′C′ および D′B : D′B′ = D′C : D′C′ を得るので，三角形 D′BC と三角形 D′B′C′ が相似であることがわかる．

以上より，いずれの場合も問題の主張が示された．

ガイダンス：
日本ジュニア数学オリンピック

日本ジュニア数学オリンピックについて

　数学オリンピック財団では，毎年，世界各国持ち回りで行われる国際数学オリンピック (IMO) への日本代表選手を派遣するため，国内コンテストとして「日本数学オリンピック (JMO)」を 1990 年より毎年実施してきた．これは，高校生以下の若い世代の数学的才能の発掘・育成のための事業であるが，近年，この JMO の成績上位者の中に中学生が入ってきている．数学的な才能は中学生・小学生などでも適切な指導によって大きく伸びると考えられる．

　そこで当財団では 2003 年 1 月より，中学生以下を対象とした「日本ジュニア数学オリンピック (Japan Junior Mathematical Olympiad ; JJMO)」を実施することにした．この JJMO への参加は，低学年のうちにその才能を磨き，JJMO だけでなく，JMO にも挑戦し，やがては IMO の日本代表選手に挑戦するという一貫した夢へとつながる．実際，JJMO の経験者が後に JMO で好成績を挙げるケースが増えており，JJMO の存在意義が達成されつつある．このあたりの事情も考慮して，2009 年の第 7 回大会から，JMO に合わせて，単答式の予選と，成績上位者による証明問題の本選を行うことになった．

　日本中の算数・数学好きな少年少女が，将来に向かってこの大きな夢をもち，その実現に向けて努力し，その努力が報われる，あるいは努力することによって思いがけない未来へのチャンスを掴むという体験をしてもらいたいと願っている．

　以下に，2024 年 (第 22 回) の JJMO の結果を報告する．

1. 第 22 回の JJMO の結果

●**第 22 回** 日本ジュニア数学オリンピック (2024)

第 22 回 JJMO の募集期間は，2023 年 9 月 1 日から 10 月 31 日 (一括申込は 9 月 30 日まで) であり，応募者が 3066 名で前回の第 21 回より 372 名増加した.

特に，応募者の多かった中学校は，東京都市大学付属中学校 189 名，白陵中学校 180 名，栄東中学校 95 名，灘中学校 84 名，岡山白陵中学校 79 名，筑波大附属駒場中学校 73 名，久留米大学附設中学校 69 名，広島大学附属福山中学校 69 名，大阪星光学院中学校 63 名，聖光学院中学校 61 名，巣鴨中学校 61 名，青雲中学校 58 名，大宮開成中学校 54 名，栄光学園中学校 52 名，開智中学校 43 名，開成中学校 40 名などであった.

コンテストの予選は，2024 年 1 月 8 日 (成人の日) 午後 1 時から 4 時までオンライン試験で行われ，解答のみを記す問題が 12 問出題された. その結果，71 名が予選合格者 (本選受験有資格者) となり本選に進むこととなった.

本選は，2 月 11 日 (建国記念の日) 午後 1 時から 5 時まで 69 名が参加して全国 7 会場で実施され，記述式問題 5 題が出題された. その結果，上位 11 名が，金賞，銀賞，銅賞の受賞者となった. また，上位 5 名が，代表選考合宿参加者として選抜された.

金賞の松島君

メダリストと藤田岳彦理事長 (前列中央) と東京出版社長 (前列左から 3 人目)

　なお，表彰式については代表選考合宿初日に行われ，藤田岳彦理事長から，金賞の灘中学校松島優君に表彰状と金賞メダルとトロフィーが授与された．また，銀賞の 4 名および銅賞の 6 名についても表彰状とメダルが授与された．さらに，株式会社東京出版社から，受賞者全員に希望図書が贈呈された．

第 22 回の予選の結果
(応募者総数 3066)

得点	人数	累計	ランク
12～7	71	71	本選受験有資格者
6～0	2820	2891	
欠席者	175	3066	

第 22 回の本選の結果
(受験者 69)

得点	人数	累計
40～31	2	2
30～21	11	13
20～11	29	42
10～0	27	69

第 22 回日本ジュニア数学オリンピック受賞者 (学年は 2024 年 3 月時点)

メダル	氏名	学年	学校名	居住地
金賞	松島 優	中2	灘中学校	大阪府
銀賞	北野 聡一朗	中1	開成中学校	東京都
銀賞	伊勢戸 皓太	小6	福岡市立百道小学校	福岡県
銀賞	原 龍之介	中2	灘中学校	兵庫県
銀賞	濱本 祐輔	中3	灘中学校	兵庫県
銅賞	吉田 啓志	中3	筑波大学附属駒場中学校	東京都
銅賞	中野 竜	中3	筑波大学附属駒場中学校	東京都
銅賞	川﨑 隼人	中2	神奈川県立平塚中等教育学校	神奈川県
銅賞	青山 瑛士郎	中2	東海中学校	愛知県
銅賞	田中 絆	中2	灘中学校	奈良県
銅賞	左近 直哉	中3	灘中学校	滋賀県

(以上 11 名．同賞内の配列は受験番号順)

2. 参考書案内

以下の本はいずれも JMO の入門書ですが，JJMO に挑戦しようと思う諸君の参考書としても良い本ですから推薦します．

1. 『ゼロからわかる数学』戸川美郎著，朝倉書店，シリーズ数学の世界
2. 『幾何の世界』鈴木晋一著，朝倉書店，シリーズ数学の世界
3. 『組合せ論の精選 102 問』小林一章・鈴木晋一監訳，朝倉書店
4. 『三角法の精選 103 問』小林一章・鈴木晋一監訳，朝倉書店
5. 『数論の精選 104 問』小林一章・鈴木晋一監訳，朝倉書店
6. 『獲得金メダル！ 国際数学オリンピック』小林一章監修，朝倉書店
7. 『平面幾何パーフェクト・マスター——めざせ，数学オリンピック』鈴木晋一編著，日本評論社
8. 『初等整数パーフェクト・マスター——めざせ，数学オリンピック』鈴木晋一編著，日本評論社
9. 『代数・解析パーフェクト・マスター——めざせ，数学オリンピック』鈴木晋一編著，日本評論社
10. 『組合せ論パーフェクト・マスター——めざせ，数学オリンピック』鈴木晋一編著，日本評論社
11. 『ジュニア数学オリンピック 過去問題集 2003–2013』数学オリンピック財団編，日本評論社
12. 『数学オリンピック 幾何への挑戦——ユークリッド幾何学をめぐる船旅』エヴァン・チェン著，森田康夫監訳，兒玉太陽，熊谷勇輝，宿田彩斗，平山楓馬訳，日本評論社

3, 4, 5 は「数学オリンピックへの道」というシリーズの問題集です．「上級問題」はさすがに中学生には超難問ですが，「基本問題」は JJMO の難問・JMO の予選クラスの問題です．また，4 と 5 には要領のよい基礎事項の解説があります．6 は，IMO 日本代表の OB 達が JMO や IMO に出題された問題の基本的な考え方や解法を解説した参考書です．7 は 3, 4, 5 の平面幾何版でよく整理されており，8, 9, 10 は 7 の仲間です．とくに 10 は，組合せ論の過去問を分類し，解法を解説した参考書です．

また，11 は JJMO の第 1 回 (2003 年) から第 11 回 (2013 年) までの全問題 (予選・本選) と解答を網羅したものです．

12 は邦訳が待たれていた，数学オリンピック幾何対策に最適の本です．さまざまな大会での問題が収録されています．

3. 第 23 回日本ジュニア数学オリンピック (JJMO) 募集要項
(第 66 回国際数学オリンピック日本代表選手選抜試験)

国際数学オリンピック (IMO) オーストラリア大会 (2025 年 7 月開催予定) の日本代表選手候補を選抜する第 23 回 JJMO を行います．奮って応募してください．

応募資格：2025 年 1 月時点で，中学 3 年生以下の者．

試験内容：前提とする知識は，世界各国の中学校程度で，数の問題，図形の問題，ゲーム，組合せ的問題などです．学校で学習する内容と多少異なる問題も題材となります．

受 験 料：3000 円 (納付された受験料は返還いたしません)

申込者には，JUNIOR math OLYMPIAN 2024 年度版を送付します．

申込方法：① 個人申込：2024 年 9 月 1 日 (日)〜10 月 31 日 (木) の予定

② 学校一括申込 (JJMO 5 名以上)：2024 年 9 月 1 日 (日)〜9 月 30 日 (月) の間に申し込んでください．

一括申込の場合は，3000 円から，次のように割り引きます．

5 人以上 20 人未満	：	1 人 500 円引き
20 人以上 50 人未満	：	1 人 1000 円引き
50 人以上	：	1 人 1500 円引き

★ JMO と JJMO の人数を合算した割引はありません．

★ JJMO 5 名未満の応募は個人申込での受付とさせていただきます．

★申込方法の詳細は，数学オリンピック財団ホームページ

https://www.imojp.org/

をご覧ください．

選抜方法と選抜日程および予定会場

●日本ジュニア数学オリンピック (JJMO) 予選

日　　時：2025 年 1 月 13 日 (月：成人の日)　午後 1 : 00〜4 : 00

選抜方法：3 時間で 12 問の解答のみを記す試験をオンラインで実施します.

結果発表：2 月上旬までに, 成績公開用ホームページを通じて本人に通知します.
　　　　　本選受験有資格者は, 数学オリンピック財団のホームページ等に掲載します.

地区表彰：財団で定めた地区割りで, 予選結果に基づき, 応募者の約 1 割を地区
　　　　　別 (受験会場による) に表彰します.

●日本ジュニア数学オリンピック (JJMO) 本選

日　　時：2025 年 2 月 11 日 (火：建国記念の日)　午後 1 : 00〜5 : 00

受 験 地：全国主要都市（未定）

選抜方法：本選受験有資格者に対して, 4 時間で 5 問の記述式筆記試験を行い
　　　　　ます.

結果発表：2 月下旬に予選成績と合わせて総合順位をつけ, JJMO 受賞者 (上位
　　　　　10 名前後) を発表します. そのうち上位 5 名を, **「代表選考合宿」** に招待し
　　　　　ます.

表　　彰：「代表選考合宿」期間中に JJMO 受賞者の表彰式を行います. 受賞者
　　　　　には賞状・副賞等を授与します.

●代表選考合宿

　実施予定：2025 年 3 月下旬　　（場所は未定）

　「代表選考合宿」後に, IMO 日本代表選手候補 6 名を決定します.

　★ 受験に関する注意事項等は, 数学オリンピック財団ホームページ

$$\texttt{https://www.imojp.org/}$$

でご確認ください.

索引

公益財団法人 数学オリンピック財団

〒160-0022　東京都新宿区新宿 7-26-37-2D

TEL：03-5272-9790　[通常は，平日の午後1時以降]

FAX：03-5272-9791

ジュニア数学オリンピック 2019–2024

2024年6月25日　第1版第1刷発行

編　者　　　　公益財団法人 数学オリンピック財団

発行所　　　　株式会社　日本評論社
　　　　　　　〒170-8474 東京都豊島区南大塚3-12-4
　　　　　　　電話　(03) 3987-8621 [販売]
　　　　　　　　　　(03) 3987-8599 [編集]

印刷・製本　　三美印刷
装　釘　　　　山田信也 (ヤマダデザイン室)